水旱之间

冬水田的历史变迁与技术选择

—— 陈桂权 ◎ 著 ——

中国农业科学技术出版社

图书在版编目（CIP）数据

水旱之间：冬水田的历史变迁与技术选择／陈桂权著 . —北京：
中国农业科学技术出版社，2019.5

ISBN 978-7-5116-3676-8

Ⅰ . ①水…　Ⅱ . ①陈…　Ⅲ . ①水田-耕作方法-研究-西南地区
Ⅳ . ①S343.2

中国版本图书馆 CIP 数据核字（2018）第 094853 号

责任编辑	朱　绯
责任校对	马广洋

出 版 者	中国农业科学技术出版社
	北京市中关村南大街 12 号　邮编：100081
电　　话	（010）82106626（编辑室）　　（010）82109702（发行部）
	（010）82109709（读者服务部）
传　　真	（010）82106626
网　　址	http：//www.CASTP.cn
经 销 者	各地新华书店
印 刷 者	北京建宏印刷有限公司
开　　本	710mm×1 000mm　1/16
印　　张	13
字　　数	240 千字
版　　次	2019 年 5 月第 1 版　2019 年 5 月第 1 次印刷
定　　价	48.00 元

那山　那水　那人

——写在桂权新书前面

《孟子》曰："颂其诗，读其书，不知其人，可乎？是以论其世也，是尚友也。"借祝贺桂权新书出版之机，我在此来发扬一下孟子知人论世的尚友精神。

2012 年，桂权从北京师范大学历史学院硕士研究生毕业，报考了中国科学院自然科学史研究所我指导的农学史方向博士研究生，并以优异的成绩通过笔试环节，但在录取阶段他却要面临一项选择，因为当年还有另外一位同样优秀的同学也同时上线，按照相关规定，每个导师每年只能招收一名学生，于是负责招生的老师建议桂权可以调剂到另一位有名额的指导老师名下，桂权初心不改，仍然希望读农学史方向，于是当年研究所破例同时招收了两名农学史博士生。我与桂权的师生缘分也从此正式开启。

桂权出生在秦巴山区南侧的川北农村，那里的农业同时兼有南北特色。从小跟随家里大人一起放牛、养蚕、干农活的经历，使他对农业、农村和农民有切身的体会。我读过他写的一篇小散文《养蚕》，文章对他老家的种桑、养蚕有细致的描述。比如，每年五一前后，蚕茧站发放的蚕种是按克计算的。1 克蚕种大概可分 4 箔，最好的时候 4 箔蚕茧能卖 40 元左右。这样的细节非亲历者不得其详。这种生为农人的生活体验是我们通过课堂、通过实习，甚至是所谓田野调查所无法企及的，对于从事与农业相关的研究工作是弥足珍贵的。也因为有这样的经历，他在读古代《耕织图》时，就能围绕《耕织图》中的"男子采桑"写出文章来。

从农村走出的读书人最初的动机或许是为了摆脱农村，但事实上当我们真正离开农村以后，才发现我们无法脱离农村，农村的生活经历是我们认识世界的基础。作为农史学者，家乡甚至可以作为研究的出发点。

我在招收和培养研究生的过程中，就有意识地鼓励他们在自己最熟悉、最有感觉的地方进行自主选题。桂权大概也早意识到这点，在北京师范大学历史学院攻读硕士学位期间便选定四川水利史作为他的研究方向。这为其博士论文写作奠定了良好的基础。

水利与农业原本就有着密切的关系。古人有言：衣则成人，水则成田。毛泽东同志也说过，水利是农业的命脉。战国时期，都江堰的兴修使成都平原成为"天府之国"，而郑国渠的建成则使秦国赖以富强。1934年，冀朝鼎便以《中国历史上的基本经济区与水利事业的发展》为题，完成了他在哥伦比亚大学的经济学博士论文。水利服务于农业是通过改善灌溉条件来实现的。晋代傅玄发现没有灌溉的白田收至十余斛，而灌溉的水田收数十斛。此后，水田的稳产、高产已成为人们的共识，尽管傅玄所说的水田未必就是后人所说的稻田，但自唐宋以后，水田和稻田等同起来，水田的稳产、高产也被视为是稻田的稳产、高产。中国传统的土地利用即是沿着这样的方向和步骤来展开的。第一步开荒地为熟地，第二步变旱地为水田或灌溉地，第三步则是将水田变为稻田。如果中国农业史上真的有所谓"革命"发生的话，那一定不是什么绿色革命、肥料革命，而是灌溉革命。

做水利史如果不与农业联系起来，那肯定是不深入的。这也可能是桂权由水利史转向农业史的原因。但水利与农业的关系远不止于引水灌溉、挹彼注兹这么简单，而是涉及自然环境、社会经济、国家政策、科学技术、历史文化等多重因素。桂权有很好的社会学基础，他本科在西南大学受过社会学专业的训练，硕士研究生期间关注水利史也是从水利社会史出发。进入博士阶段，我希望他结合已有的学科背景和农学史专业选题，他最初想到的是南方山地农业的历史，包括山地在内的南方旱地农业，这也是我想做的一个题目。自古以来，史籍中有关南方"火耕水耨""饭稻羹鱼"的描述，成为南方农业的代名词。在很多人的印象中，水稻种植代表了南方农业，而实际上这种刻板印象往往是错误的。南方地形地貌复杂，既有广袤的平原，也有绵延起伏的丘陵、山地，农业的形态也因之多种多样，除了经常与稻作农业相提并论的渔业之外，还有广泛分布的旱地农业。近年的考古发掘显示，南方甚至也有着和北方一样悠久的粟作农业，而早已流行的山地农业起源说，更让人觉得旱地农业可能是南方原生农业，而水稻种植反而是次生农业。

对于博士生来说，全面开展山地农业历史的研究显然是过于笼统而庞杂的，如何找到一个突破口和切入点成为选题的关键。提出一个历史研究的问题必须首先要基于对历史的整体把握。一个不争的事实是，近千余年以来，我们所看到的中国南方农业历史很大程度上是旱改水的历史，而农业开发的总体趋势是由水源较为便利的平地向低地或高地扩展，而向山地进军尤其引人注目，其最终目标就是种植高产的水稻。宋代福建等部分地区已经到了"水无涓滴为用，山到崔嵬犹力耕"的地步，元代则整体上呈现出"田尽而地，地尽而山，山乡细民，必求垦佃，犹不胜稼"的局面。水稻上山的过程中最关键的问题就是水源。在水源不足的情况下，人们通过选择耐旱作物品种来提高产量，于是就有了占城稻等的推广和使用，与此同时人们更多的是通过兴修水利，提高灌溉能力，来扩大水稻的种植面积。冬水田就是在旱改水的背景下，应对中国西南地区山地和丘陵在春季水稻播种季节雨水偏少、水源缺乏，而在上一年水稻收割后的空地中囤积雨水，以备来年利用的做法。在古代四川农田水利布局中，除了以都江堰等大中型河堰灌溉工程为中心的平原水利灌溉系统外，就是以冬水田为中心的山区小型农田水利工程最为重要了。

冬水田本是特定环境下，因应旱改水的历史大趋势，民间自发的一种技术选择，却得到了地方政府和知识分子的重视，因而留下了较多的文献资料，为本研究提供了原始史料。在阅读这些资料之后，几经踟蹰，桂权最后锁定冬水田作为博士论文选题，既是照顾到了农学史方向，又利用了他已有的学科背景，还抓住了时下兴起的环境史和知识史的热点，同时他还希望自己的研究能够有用于世，在总结历史经验的同时，对冬水田的未来进行了展望。

本书就是在其博士论文的基础上修改完成的。这也是目前为止有关冬水田历史最全面的论述。书中对冬水田起源和演变、冬水田相关的水利和农业技术、影响冬水田技术变迁的原因以及冬水田未来的命运等问题进行了较为全面而又深入的分析和论述。桂权认为，冬水田源于两宋之后长江中下游及其以南地区广泛分布的"冬沤田"，这种冬沤田技术随着明清时期人口的向西流动进入四川等西南丘陵山区，通过拦蓄秋冬雨水应对春旱，解决水稻栽插时节用水短缺的问题，清初受到地方政府和官员的重视，因而得到推广。在民国时期又因抗战军兴，农学家提出改进办法。但这样一种行之有效的水利技术在实行的过程中却受到了租佃关系等经济因素的阻碍，在进入 20 世纪后，由于受到时局、政治和学术的干扰，特别是 70、80 年代以后的农村改革的影响而逐渐式微。总结丘陵地区农业发展的历史经验，桂权认为未来冬水田这种传统的分散用水形式依旧可以是丘陵地区稻田用水的主要来源，但同时还需要借助塘堰、引水渠、山坪塘等其他配套的小型水利工程的补给。未来既需要加大小型农田水利工程建设、使用和维护的投入，更要从农业改制入手，建立多元化的农作制度。这些观点不仅具备史学价值，同时也可以为南方山区水利建设提供历史借鉴。

我作为第一读者在肯定本书所取得的成果的同时，也感觉有些地方还是让人意犹未尽。首先，冬水田在明清时期的云、贵、川都有分布。本书以四川（包括今重庆）为中心，虽然对云贵也部分涉及，但总体感觉并不充分。作为冬水田技术源头之一的陂塘，往往与莲、鱼等水生生物种植和养殖有关，它又是如何影响冬水田的？在西南丘陵山区广为流行的稻田养鱼与冬水田又有何关系？其次，就冬水田的起源来说，除了技术上与宋代以后流行的"冬沤田"可能有关之外，作为陂塘和水田相结合的产物，还可以分别从陂塘和水田两条线索去探讨冬水田的起源与发展以适当补强。而其思想上的起源则又似与中国古人的忧患意识相连。这种忧患意识在宋代《陈旉农书》中称之为"念虑"。其核心思想就是《中庸》所谓"凡事豫则立，不豫则废。"冬水田就是农业念虑的一个典型例子。所有这些方面在研究冬水田历史这类问题时还可以做更为细致的分析。可喜的是2017年桂权申报的国家社会科学基金青年项目"明清时期南方山区农业防旱、抗旱的技术经验总结与研究"已获批立项。相信桂权有关南方山地农业的研究必将取得更多更好的成果。

是为序。

曾雄生
2018 年 8 月 24 日

目　录

绪　论

一、选题缘起

乾隆十九年（1754）十月十九日，川督黄廷桂在给皇帝呈递的雨水农情奏折中言到：

> 九月间雨泽频降，地脉湿润，民间所种二麦、大豆、菜子各色春花出土肥美，一望青葱；靠山塘田，百姓俱已乘雨蓄水泽，以备来岁春耕。舆情宁谧，米价通贱①。

这是一折内容最普通不过的地方"雨泽粮价"奏折。此类奏折内容多为各地主政大员向最高统治者汇报当地的降水与农业收成情况。我国自秦汉时就形成了地方官员定期向朝廷奏报雨泽的制度。清朝的雨泽粮价奏报制度形成于康熙末年，其要求各地督抚大员定期上报"地方情形，四季民生，雨旸如何，米价贵贱，盗案多少等事"②。从内容上看，黄廷桂这折报喜奏章并无甚特别，但文中提及的"塘田"却引出本书讨论的主角。

历史上中国农民对于土地的利用形式是多种多样的。成书于元代的《王祯农书》专辟"田制"一门，列举了九类主要田制③。当然，此九种

---

① 台北故宫博物院：《宫中档乾隆朝奏折》第九辑，第820页。
② 中国历史第一档案馆编：《康熙朝汉文朱批奏折汇编》，第一册，北京：档案出版社1984年版，第6页。
③ 王毓瑚校：《王祯农书农器图谱之一·田制门》，北京：农业出版社1981年版，第175-197页。这九种田制包括：井田、区田、圃田、圩田、柜田、架田、梯田、涂田、沙田。

田制仅属众多土地利用类型之一端。明清以降，随着南方山区农业发展的深入，在环境与技术交互作用下，农民对土地的开发利用形式更为多样化，涌现出诸如水车田、堰田、腰带田、塘田等多种新型田制①。黄廷桂所指"塘田"便是清代以来广泛存在于云、贵、川以及湖北等西南地区的一种土地利用类型。其在四川分布最广，也最具代表性。在四川民间"塘田"又有"囤水田""连田堰""腰堰""冬水田"等别称，在众多称呼中"冬水田"的叫法最为普遍。翻阅史籍我们发现最早正式提出"冬水田"这个概念的是道光年间的《中江县新志》，其云："邑境秋获之后，每有近溪沟，难种二麦蚕豆之属，则蓄水满田，俟明春插秧，名曰冬水田，亦曰笼田"②。此处描述的冬水田仅是其两种类型中之一，还有一类蓄水量更多，通常"一亩蓄二三亩之水"③ 名曰"囤水田"，其不但要满足本田栽插用水，还要为相邻稻田提供水源。冬水田因兼具塘堰与田的功能，故被称"塘田"，又其因其蓄水"不浅不深，人立其中恰在腰也"，也被称为"腰田"④。行文至此，本书便大致可以给冬水田下这样一个定义：

> "冬水田"是清代大规模出现于西南地区的一种小型农田水利工程，其主要特点是于第一年秋收之后，及时翻耕整地，积蓄水源于田内并做好精细化的管理，以备来年春季插秧之用；通常冬水田分为两类：一类是仅保本田用水；另一类除保障本田用水之外，还为其他邻近干田提供水源补给，此类冬田又名"腰堰"（水深及腰）"连田堰"（田堰合一），其深度通常为70厘米以上。冬水田在西南地区均有分布，但以四川的冬水田最具有典型性。冬水田分布的地域特点虽以丘陵、山地为主，但平原地区亦有之。

---

① 南方各地方志中有大量记载，如道光《黔南识略》卷一《贵阳府》的记载最具代表性，其云："源水浸溢，终年不竭者，谓之滥田；滨河之区，编竹为轮，用以戽水者，谓之水车田；平原筑堤，可资蓄泄者，谓之堰田；地居洼下，溪涧可以引灌者，谓之冷水田；积水成池，旱则开放者，谓之塘田；山泉泌涌，井汲以灌溉者，谓之井田；山高水乏，专恃雨泽者，谓之干田，又称望天田；坡陀层递者，谓之梯子田，斜长诘曲者，谓之腰带田。"更多有关明清南方田地利用类型的论述，可参见韩茂莉《中国历史农业地理》（上），北京：北京大学出版社 2012 年版，第 125-128 页。
② 道光《中江县新志》卷二《水利》。
③ 同治《直隶绵州志》卷〇《水利》。
④ 道光《中江县新志》卷二《水利》。

此定义仅是从其功用上的划分。在农业实践中，因冬水田具体分布地的不同，又会出现很多别样的称呼。在四川民间"田有水田与旱田之分。水田中又可分为沟田、坝田、榜田①、山田等类。沟田即沟谷中之水田；坝田为居小平原中者（多系河滨之洪涵原）；榜田即山坡梯田；山田即山顶之田。旱田系指不能终年积水之田"②。在这些类型的田中，除旱田以外，其余均有成为冬水田的可能。植物育种学家李先闻的回忆为我们更加清晰地描述了当时四川稻田的日常种植情形，他说："四川的水田有冬水田及旱田两种，冬水田一年只收稻谷一次。旱田则夏天种稻，秋天种小麦或其他作物，在四川都叫'小春'"③。

因此，我们也可以认为冬水田就是一种水源储备的方式。只要水稻田在收割之后，农民有意蓄水越冬以保证来年栽插，均可称为冬水田。它虽主要存在于丘陵梯田与沟谷田中，但在水利无保障的平坝地区也时有出现。正如一位水利专家在谈及冬水田成因时所言：

> 川省除川西成都平原与沿各大河两岸间有数千亩或数万亩之平坝外，其余均为丘陵地带，农田多成阶级式，谓之梯田。其余长川大河，或因水位过低无法引灌；或为距离遥远，工程艰巨，不适应用，但其土质黏肥，渗漏极少，秋后积存雨水或引用涓滴细流，关蓄田内以备来春栽插之用。且有两山之间，田土过黏，泄水不易，土粒常湿，不适于种植冬季作物者，亦关蓄冬水专栽水稻一季，均名谓冬水田④。

也就是说，冬水田完全是一种水利形式，只是梯田型冬水田与沟田型冬水田存在的原因不同：一是为了种稻的不得已为之；一是复种难度较大的因地制宜。

清代以来，冬水田在四川的全面推行改变了水稻种植布局，逐渐形

---

① 原文如此。在四川民间叫法中"榜田""傍田""塝田"均指梯田。因书写并未统一，故在本书的引文中三种叫法均有出现，原文如此不作修改，特此说明。

② 郑励俭：《四川新地志》，南京：中正书局 1947 年版，第 68 页。

③ 李先闻：《李先闻自述》，长沙：湖南教育出版社 2009 年版，第 188 页。

④ 施建臣：《四川省冬水田水稻需水量之研究》，《水工》1945 年第 2 卷第 1 期，第 31 页。

成一套独特的耕作制度，并塑造出了特色鲜明的丘陵农业景观（图1）①。

图1 瓦格勒《中国农书》中清末川东地区梯田型冬水田

冬水田在四川农业中有着重要的地位，这与四川的自然环境特点密切相关。四川虽有"天府"美誉，但其平原面积仅占总面积的5%，而丘陵与山地则占到90%。据统计，四川水田的85%集中于盆地底部，其中又以川西平原与川南浅丘地区分布最多。川西平原地势平坦、河网密集、灌溉便利，主要的大型河堰灌溉系统均位于此；川南丘陵地区的水田类型有70%是冬水田，主要依靠蓄积秋冬雨水保栽插。此外，盆地中部及北部的丘陵地区也有冬水田分布②。冬水田在四川兴起于18世纪30年代，经过两个多世纪的发展，到1941年面积已达2 500万亩③，占四川水田的70%④。1943年的另一组数据则显示"四川省水稻田约共4 500万市亩，其中，自流灌溉的两季水稻田仅占500万市亩，用塘堰（凿塘及筑堵水坝）蓄水灌溉的两季水稻田约1 000万市亩，其余3 000万市亩之水田均为冬水田，只栽种水稻一季而不种冬季作物"⑤。另据1937年以前中央农业实验所对于四川水稻产量的统计："川省水稻种植面积在3 800万至

---

① ［德］瓦格勒：《中国农书》（上册），北京：商务印书馆1934年版，第214-
　　216页。

② 中国科学院成都地理研究所：《四川农业地理》，成都：四川人民出版社1980年
　　版，第7页。

③ 1亩战国时约为192.1平方米，秦汉时约为461平方米，魏晋时503.5～519.7平
　　方米，唐时约523平方米，宋时约453.4平方米，元时约880.1平方米，明时约
　　640平方米，清时约705.9平方米。全书参照换算。

④ 杨守仁：《改善四川冬水田利用与提倡早晚间作稻制》，《农报》1941年第22-24
　　期，第485页。

⑤ 施建臣：《四川省冬水田水稻需水量之研究》，《水工》1945年第2卷第1期，第
　　31页。

4 000万亩，居全国第二，仅次于粤省。产额在 14 000万担①至 18 000万担，亦居全国第二位"②。这三组数据叠加后便不难体现冬水田对四川农业的重要性。

纵观四川省冬水田的发展史，我们可以发现至 20 世纪 60 年代以前，其总体发展趋势呈上升状态，全面抗战时期在四川农业改进工作的推动下，冬水田面积略有缩减，但随后的政局变动导致水利事业荒废，其又成为丘陵地区农民种植水稻的首选技术路径。自 20 世纪 60 年代开始，政府针对冬水田的政策多以"消灭""改造"为主，虽也有部分"恢复"，但仅是一时的逆潮流而动，转瞬即逝。20 世纪 80 年代后，四川冬水田的面积开始逐年稳步缩减，截至 2009 年，全省冬水田的面积已减少至 570 万亩③。冬水田的大面积消失在增加粮食总产量的同时，也带来了诸多新的问题，其中，山区的农业抗旱问题最为紧迫。以往冬水田的广泛存在对缓解四川的春季旱情意义重大，但后来山区因冬水田面积的萎缩，削弱了其农业的抗旱能力。故 2005 年以来，先后有专家从"稻田抗旱""水土保持"乃至"改善区域生态环境"的角度，提出适度恢复四川冬水田的主张④，但反响甚微。冬水田这种传统水利形式能否在当今的社会经济条件下，担负起人们赋予它抗旱保水，乃至保持生态平衡的重任？四川是否需要再次将恢复冬水田列为农田水利建设的内容之一？基于对上述问题的思考，本书拟以"冬水田的历史变迁"为题，以动态的眼光来全面审视四川冬水田的发展史，重点探讨推动其变化的原因，评估其抗旱能力，并尝试对其未来的发展做一预判，以为全面认识四川水稻种植业提供参考。

二、学术史回顾

本书以"冬水田的历史变迁"为研究主题，结合四川农业及水稻种植业的实际情况看，若欲厘清冬水田的演变史，至少要回答与其紧密相关的两个方面的问题：一为冬水田本身的变迁历程；一为四川农业尤其是水稻种植业的改进过程。故下文亦围绕此二话题进行文献综述以明确

---

① 1 担为 50 千克，全书同。
② 周开庆：《四川经济志》，台北：商务印书馆 1972 年版，第 337 页。
③ 杨勇：《适度恢复我省冬水田》，《四川农村日报》，2011 年 11 月 21 日。
④ 熊洪：《适度恢复四川冬水田，提高稻田抗旱能力的建议》，《农业科技动态》2011 年第 15 期；刘继福：《恢复冬水田势在必行》，《四川水利》2005 年第 5 期，第 44-45 页。

本研究的基础。

(一) 背景回溯：农业改良之研究

四川冬水田兴起于清代，时至民国在农业改进的大背景下，其才得到了农业研究者的关注。在这一时期，但凡涉及改良四川水稻、提高粮食总产量的研究，无一不讨论"改造冬水田"的话题，有点到即止的提及，亦有研究严谨的专论。因此，但就四川农业而言，"改造冬水田"是改进传统水稻种植业的主要内容之一，二者在一定程度上也可等同视之。而改良稻作也是历来农业改进的最重要内容。因此在这一层面上看，四川冬水田的命运变化与改进传统农业有着直接的关系。所以，回顾学界对传统农业改进工作的研究，无疑是阐明本研究背景的重要工作之一，但限于篇幅以及研究的相关性，此处仅对重要成果或关系密切的研究做一概要式回顾。

晚清以来，在中国开启科技近代化的背景下，传统农业也开始向近代农业转型，运用西方农学知识与模式改造中国传统农业在这之后的很长一段时间成为农业发展的重要内容①。在学界已有的总论性研究中以章楷《农业改进史话》②，王红谊等编著的《中国近代农业改进史略》③ 为代表，他们以宏观概述的方式描绘了近代中国的农业改进工作。作为研究近代农业科技史代表作的《中国近代农业科技史》④ 与《中国近代农业科技史稿》⑤ 也对近代以来中国所开展的主要农业改进工作有所提及，其论述重点在于农业技术的应用。若将近代以来中国历史分为：晚清时期、北洋时期、南京国民政府时期、全面抗战时期四个阶段，每个阶段均不乏研究农业改良之力作⑥。与本书研究主题关系密切的是后两个时期，故此重点回顾有关这两个时期农业改良的研究成果。

---

① 关于民国时期政府在引进西方农业科技方面所做的工作，可参见曹幸穗《从引进到本土化：民国时期的农业科技》，《古今农业》2004 年第 1 期，第 45–53 页。

② 章楷：《农业改进史话》，北京：社会科学文献出版社 2000 年版。

③ 王红谊，章楷，王思明：《中国近代农业改进史略》，北京：中国农业科技出版社 2001 年版。

④ 郭文韬，曹隆恭主编：《中国近代农业科技史》，北京：中国农业科技出版社 1989 年版。

⑤ 中国农业博物馆编：《中国近代农业科技史稿》，北京：中国农业科技出版社 1996 年版。

⑥ 夏如兵：《中国近代水稻育种科技发展研究》，北京：中国三峡出版社 2009 年版，第 14–16 页。

　　张剑结合农业科技的具体实例对 20 世纪 30 代的农业科技改良与推广工作做了总论性的讨论，并指出了农业推广中存在的问题①。宗玉梅总结了全面抗战前南京国民政府所制定的诸如：制定土地法，开展农村复兴运动，废除苛捐杂税，设立农业研究机构，改良农业技术、进行农田水利建设等政策措施，认为南京国民政府在农业改进方面的努力对提高农业总产值有一定作用②。全面抗战时期，在国民政府政策的大力支持下，后方的农业建设得到长足发展。这一时期，后方各地均有针对提高粮食产量、发展农业经济的改进措施。吴伟荣全面介绍了全面抗战时期国民政府在大后方发展农业的举措，总结了大后方农业发展的影响，认为战时后方农业的发展作用巨大，它基本保证了战时军民衣食供应的需要，换取相当数额的外汇和物资，减少财政赤字，缓和财政危机，继而维系住了战时经济，为抗日战争的胜利提供了物资保证③。郑起东指出抗战时期民国政府在大后方的农业改良工作主要包括两个方面：其一，农业政策调整，包括：中央以及地方农业推广机构的设立，农业督导制度的推行；其二，从提高土地利用、改良作物品种、修整小型农田水利工程、防治病虫害、防控兽疫、改进土壤肥料六个方面积极地提高粮食产量并发展经济作物。全面抗战时期大后方的农业改良对夺取抗战胜利意义重大④。此外，周天豹等人对全面抗战时期国民党对西南农业的开发情况进行了考察⑤；魏宏运则介绍了这一时期国民政府在西北的农业开发情况⑥；陈艳涛分析了全面抗战时期大后方农业科技的发展情况⑦。

　　以上研究多是从宏观层面，探讨近代以来中国农业改进的整体状况，而农业改进是一项复杂的系统工程，其内容包罗甚广。就狭义的种植业

---

①　张剑：《三十年代中国农业科技的改良与推广》，《上海社会科学院学术季刊》，1998 年第 2 期，第 156-165 页。

②　宗玉梅：《抗战前南京国民政府农业建设述评》，《洛阳师专学报》1998 年第 3 期，第 71-74 页。

③　吴伟荣：《论抗战时期后方农业的发展》，《近代史研究》1991 年第 1 期，第 221-243。

④　郑起东：《抗战时期大后方的农业改良》，《古今农业》2006 年第 1 期，第 52-66 页。

⑤　周天豹：《抗战时期国民党开发西南农业的历史考察》，《开发研究》1986 年第 5 期，第 94-97。

⑥　魏宏运：《抗日战争时期中国西北地区的农业开发》，《史学月刊》2001 年第 2 期，第 72-78 页。

⑦　陈艳涛：《抗战时期大后方农业科技发展分析》，西北大学硕士学位论文 2001 年。

层面看，也至少涉及品种选育、改良、推广，农田水利建设，土壤肥力研究，耕作制度的设计等方面；若推之广义层面，包括农、林、牧、副、渔等方面，所涉内容更广。当然，近代以来的农业改进对象是广义层面上的农业，其所开展的工作此处也不必一一回溯，已有学者做出较为全面的总结①。

整体回顾研究中国近代农业改进的成果，主要是明确四川开展冬水田改造工作的时代背景，并从整体上说明改造冬水田是传统农业向现代农业转型中不可避免的农业增产举措。四川的农业改进工作与冬水田的关系最为直接，只是这方面的研究并不充分：王笛论述了清末四川农业改良的政策②；侯德础从鼓励垦荒、农业改良、兴修水利、资金归农四个方面论述了民国政府推动四川农业发展的主要措施，并对这些措施的效用进行了评估。他认为全面抗日战争时期四川粮棉产量是有所增加的，大体可以保障本省战时人口的衣食之需，并为支持抗战作出较大的贡献。这一时期四川省的农业虽不如传统观点所谓"急剧衰退"，然而发展毕竟是艰难而有限的。李俊对全面抗战时期四川省农业改进所（下称川农所）的研究从另一侧面提及诸多有关四川农业改进的内容③。罗亚玲对全面抗战时期四川农业开发情况进行了更为全面的总结④。

总之，已有的研究中，对四川农业改进的讨论多是宏观政策层面的概述，少有对农业技术层面的考察，及对水稻改良事业的专题探讨。

---

① 夏如兵：《中国近代水稻育种科技发展研究》，北京：中国三峡出版社 2009 年版，第 9-24 页。
② 王笛较全面地论述了清末四川农业的改良问题，其内容涉及农业机构的创立，农业教育的开展，农业知识的传播等方面。参见《清末四川农业改良》，《中国农史》1986 年第 2 期，第 38-49 页。
③ 李俊对在四川农业改进中发挥技术指导作用的四川农业改进所（下称川农所）进行了专题研究。该文认为，川农所在改良川省农业，试验、研究、推广良法美种，提高农作物产量，贯彻国家抗战时期农业改良政策又兼顾农民利益等方面皆作出了重大贡献，对川省农业的振兴及改变农作物分布结构都起了一定积极作用。但是，由于川农所本身所蕴含的政治使命远远超出其作为技术改进机关应该具有的经济目的，政府政策又决定着它的兴衰成败，使其在进行农业改良时，不免陷于尴尬之境，其力图从根本上改良川省农业、提高农村生产力、发展农业经济的目的，最终不能达成。参见《抗战时期四川省农业改进所研究》，四川大学硕士学位论文 2007 年。
④ 罗亚玲：《抗战时期四川农业开发》，四川大学硕士学位论文 2012 年。

(二) 主题研究：冬水田及其相关

在 20 世纪 30 年代之前，文献中对四川冬水田的记载多属零散的文字描述，缺少寻根究底的判断，亦无资料翔实的分析，谈不上研究。现在看来，最早将四川冬水田纳入学术研究视野的是水稻学家杨开渠。1936年，杨开渠出于提高四川粮食产量支持抗战的目的，发表《四川省当前的稻作增收计划书》①，分析了四川的水稻种植类型，首次对冬水田的功用做出全面说明，并否定了其最主要的"蓄水抗旱"功能，似为改造冬水田提供理论支持。自杨开渠后，虽也有一些学者对四川冬水田进行过研究，但其论述的全面性与深度均未超越他的研究。1941 年，水稻专家杨守仁在《改善四川冬水田利用与提倡早晚间作稻制》② 一文中，针对冬水田的不同类型提出具体的改进策略，其中"实行早晚间作稻制度，以延长冬水田利用期限"成为其倡导改造冬水田的主要技术手段。之后在 1944 年，杨开渠再发表《四川稻作生产合理化之研讨》，对四川稻作的改进进行了全面论述，并着重阐述了冬水田推广间作稻以提高土地利用率的想法③。显然，杨开渠、杨守仁两位水稻学家都主张通过变更冬水田的耕作制度来提高粮食总量。另外，在不能完全放弃冬水田的情况下，充分保证蓄水量才能发挥其保栽插的作用，至于蓄水到底需要多少才能满足这一基本需求呢？农民传统做法是视情况而定，尽量多蓄。但其效果依旧不尽如人意。水利专家施建臣通过研究四川的气候特点，认为若无塘堰蓄水进行补充，冬水田蓄水是无法满足水稻栽插用水的④。言下之意，冬水田需与塘堰配合使用才能保障水稻的顺利种植。除蓄水以外，保持地力也是冬水田的功用之一。所以，屠启澍提倡在川省的冬水田中推广绿肥种植以保证土壤肥力⑤。

民国时期对四川冬水田的研究多出自从事农学、水稻学研究的学者。

① 杨开渠：《四川省当前的稻作增收计划书》，《现代读物》1936 年第 4 卷第 11 期，第 1–19 页。
② 杨守仁：《改善四川冬水田利用与提倡早晚间作稻制》，《农报》1941 年第 22–24 期合刊，第 485–490 页。
③ 杨守仁：《四川稻作生产合理化之研讨》，《农报》1944 年第 19–27 期合刊，第 183–185 页。
④ 施建臣：《四川省冬水田水稻需水量之研究》，《水工》1945 年第 2 卷第 1 期，第 39–42 页。
⑤ 屠启澍：《冬水田推广冬作绿肥之讨论》，《农业推广通讯》1945 年第 10 期，第 37–40 页。

他们的研究大多立足于具体的调查之上，研究目的虽受时代因素的影响强烈，但现在看来他们研究成果的价值依然存在，为本研究提供了重要参考。1949 年后，在四川农田水利建设指导方针的反复变化下，冬水田的命运发生了几次大的起落。集体所有制农业时期对冬水田的专门研究并不多见，改造冬水田的行为多是在政府主导之下进行的，"减少冬水田、提高复种指数"成为这一时期的主调。20 世纪 80 年代以后，针对冬水田的科学研究又逐渐展开，主要是从事稻作与土壤学研究的学者们在讨论冬水田的相关问题。马建猷在《四川冬水田耕作制度研讨》中指出，四川各地在改造冬水田时片面地强调提高复种指数，采用简单地放干，改中稻一熟制为麦—稻、麦—玉—稻、麦—玉—苕多熟所存在的问题，并提出区别对待的改造原则与多元化的改造方式①。此后，1984 年由四川省农业区划委员会组织开展对全省冬水田进行实地考察，并发表《我省冬水田演变规律及改造利用的实践》一文，从全省各区域环境特点出发，提出了有区别地改造冬水田的办法②。西南农学院土化系的王祖谦则重点探讨了四川冬水田的生态效益，认为冬水田在维持局部气候稳定，抗旱保水方面的作用明显，并纠正了以往将冬水田等同于"低产田"的错误观点③。朱永祥、马建猷从立体农业的角度，全面总结了现代冬水田的开发利用技术，为冬水田的改造提供参考。全书从冬水田的种植与养殖两个方面详细地介绍了改造利用冬水田的主要方式，对农业实践极具指导意义④。陈实从四川盆地各区域的特点出发，对冬水田的成因进行分析，认为"四川盆地冬水田广泛存在的原因可分为社会因素与自然因素；自然因素中以气候因素>地形因素>土地因素>土壤因素；社会因素中则以保灌面积比为最重要，在那些气候、地貌条件一致的区域，土壤类型对冬水田比例起决定作用"⑤。冬水田既是一种耕作制度又是一项大规模的蓄水工程。作为蓄水工程的冬水田，能否搞好工程的日常管理是其蓄水

---

① 马建猷：《四川冬水田耕作制度研讨》，《四川农业科技》1980 年第 1 期，第 29-31 页。

② 四川省冬水田资源开发利用途径研究小组：《我省冬水田演变规律及改造利用的实践》，《四川农业科技》1982 年第 2 期，第 4-8 页。

③ 王祖谦：《试论四川丘陵地区冬水田的生态效益及其培肥途径》，《西南农学院院报》1984 年第 3 期，第 1-7 页。

④ 朱永祥，马建猷：《冬水田立体农业技术》，成都：西南交通大学出版社 1991年版。

⑤ 陈实：《四川盆地冬水田的成因和区域性分异及其对农业生产的影响》，《西南农业大学学报》1991 年第 4 期，第 425-428 页。

充足与否的关键。从事农业一线推广的科技工作者刘代银、朱旭霞指出了四川省现存冬水田的管理中存在着面积缩小、管理差、功能弱化的问题，并提出相应的改进策略①。

不难看出，农学研究者对冬水田的研究多关注于其技术细节处，研究时段也是集中在特定的时间段内。以纵向发展的视角来全面研究冬水田的相关问题是农史学者们的专长。而农史学者们对冬水田的研究兴趣点，主要集中在探讨它的起源问题上，围绕此论题提出了数种不同的说法②，至今存在争论。冬水田的兴起与南方山区农业开发关系密切。唐宋以降，随着经济重心南移的完成，南方地区的开发也经历了一个由平原向山区进发的纵深化过程。畬田与梯田的出现便与此直接相关。种植业尤其是水稻向高地、山区进发的前提是灌溉水源问题的解决。据《王祯农书》记载，宋元时期陂塘、塘堰、泉堰等成为山区解决农业用水问题的主要技术手段③。明代徐光启在《农政全书》中所记录的山区水利方式也无外乎此几种。清代以来这种情况也未有根本性的变化。因此，厘清南方山区农田水利发展的历史脉络对理解冬水田的起源问题也是所启发的。

传统水利史的研究对于山区的水利开发给予的关注度并不高。如郑肇经《中国水利史》④、姚汉源《中国水利史纲要》⑤均以大江大河或重要的水利工程为主线进行论述。在汪家伦、张芳所编著的《中国农田水利史》中也仅有一小部分内容谈及宋元时期南方山区的水利开发⑥。水利建设是农业开发的前提与主要内容之一。故在研究南方山区开发史的著作中，农田水利建设是其不可或缺的内容。韩茂莉在阐述宋代东南丘陵地区的农业开发中，指出宋代适于东南山区地形特点的水利工程主要有："因溪堰水"的"埧"与"凿田堰水"的塘⑦。张建民也集中讨论了明清

---

① 刘代银，朱旭霞：《四川省冬水田管理和利用中存在的问题及对策》，《四川农业科技》2007 年第 12 期，第 5-6 页。
② 第一章将专章论述"冬水田的起源问题"。
③ （元）王祯：《王祯农书》之《灌溉门之十三》，北京：农业出版社 1981 年版，第 323-327。
④ 郑肇经：《中国水利史》，上海：上海书店出版社 1984 年。
⑤ 姚汉源：《中国水利史纲要》，北京：水利电力出版社 1987 年版。
⑥ 汪家伦，张芳：《中国农田水利史》，北京：农业出版社 1990 年版，第 351-356 页。
⑦ 韩茂莉：《宋代东南丘陵地区的农业开发》，《农业考古》1993 年第 3 期，第 133 页。

时期秦巴山区的农田水利建设与水稻种植事业的发展①。张芳对南方山区
的水利发展研究颇多，其先后总结了明清东南、西南、中南山区农田水
利发展的进程、特点与规律，并结合山区自身然特点，分析这一时期南
方山区水利发展与梯田开辟、立体农业、粮食生产与区域发展不平衡的
直接关系，进一步探讨了山区水利与农业生产的联系及影响②。另外，水
车这一传统的提水灌溉工具亦是山区的主要灌溉形式之一。学界对于传
统水车的研究成果颇多。方立松从技术史的角度系统地研究了传统水车
的起源、嬗变过程，并探讨了传统水车对经济生活与文化的渗透与影
响③。李根蟠在系列论文《水车起源与发展丛谈》中收集了大量有关传
统水车的资料，全面梳理传统水车发展的历史脉络，并澄清了一些过去
对史料解读存在的谬误④。从类型学上看，以上这些研究几乎涵盖了宋代
以来南方山区水利开发利用的主要形式。受环境条件的制约，山区发展
水利事业始终秉持着"多元化"与"小型化"的基本方针。冬水田大规
模出现的清代前期正是历史上南方山区开发的最高峰。张芳对四川冬水
田的研究便是从考察四川山区历史上的水利开发形式入手，她在《清代
四川的冬水田》⑤一文中首次以农业技术史视角，从四川冬水田的起源、
清代冬水田的兴起与传播、冬水田的修筑技术与耕作制度，冬水田的功
能四个方面，对冬水田做了一次较全面的论述。文章资料翔实、论证清
楚，堪为研究四川冬水田史之力作，此后多数的研究成果少有出其右
者⑥。萧正洪从"环境与技术选择"的角度，阐释了四川冬水田盛行的

---

① 张建民：《明清时期长江流域的山区资源开发与环境变迁——以秦岭大巴山区为
中心》，武汉：武汉大学出版社 2007 年版，第 323-368 页。

② 张芳：《明清东南山区的灌溉水利》，《中国农史》1996 年第 1 期，第 80-92 页；
《明清南方山区的水利发展与农业生产》，《中国农史》1997 年第 1 期，第 24-31
页；《明清南方山区的水利发展与农业生产（续）》，《中国农史》1997 年第 3
期，第 56-65 页。

③ 方立松：《中国传统水车研究》，南京农业大学博士学位论文，2010 年。

④ 李根蟠：《水车起源和发展丛谈（上、中、下）》，《中国农史》2011 年第 2 期第
3-18 页；第 4 期，第 20-47 页；2012 年第 1 期，第 3-21 页。

⑤ 张芳：《清代四川的冬水田》，《古今农业》，1997 年第 1 期，第 20-27 页。

⑥ 萧正洪：《环境与技术选择：清代中国西部地区农业技术地理研究》，北京：中国
社会科学出版社 1998 年版，第 114 页；周邦君：《地方官与农田水利的发展：以
清代四川为中心的考察》，《农业考古》2006 年第 6 期，第 32-33 页。或因论述志
趣与方志资料所限，萧、周二人对四川冬水田的研究与张芳大致雷同，故此不
另述。

客观环境条件，指出四川盆地周边丘陵、山地冬水田的兴起与传播是在地形、气候等客观环境条件限制下所出现①。冬水田的出现又一次印证了环境对技术的选择或技术对环境的适应。郭声波②、郭文韬③、周邦君④在他们论述四川农业史的著作中虽对冬水田的出现及清代发展概况仅有概述，但他们对于川省农业史的全面阐述也为后来者的研究打下扎实的基础。拙文《冬水田技术的形成与传播》⑤对"冬水田起源"问题进行了新的探讨，指出四川冬水田是冬沤田技术传入、演变的结果，其最终定型当在清代。同时，该文还重点论述了四川冬水田技术传播的载体，以及冬水田在消弭水利纷争中的作用。此外，在《四川冬水田的历史变迁》⑥一文中，我首次全面梳理了四川冬水田发展的历史脉络，对其历史进行分期，描述其发展趋势，归纳出了冬水田演变的历史规律，为进一步的研究打下基础。不过，在已有的四川史研究中，无论是通史著作，还是农史专论，对冬水田关注的焦点还是在它出现的时间与其对于四川农田水利建设的意义上。

通过上述分析，我们不难看出在已有的研究冬水田的成果中，存在诸如研究问题碎片化，研究时段短期化，研究方法单一化等问题。这些研究成果多集中讨论某一时段内冬水田发展的相关问题，缺乏对冬水田发展史做整体梳理的全面研究。因此，本书才选择以冬水田为研究对象，以长时段的视角对四川冬水田的发展演变及其未来命运等问题做一全面阐释与探讨。

（三）主要概念界定

其一，"冬水田"的概念上文已述，此处需明确另一个与"冬水田"相近的概念——"冬沤田"。在一些农学著作中，将二者等同视之⑦。本

---

① 萧正洪：《环境与技术选择：清代中国西部地区农业技术地理研究》，北京：中国社会科学出版社1998年版，第114页。
② 郭声波：《四川历史农业地理》，成都：四川人民出版社1993年版，第404-406页。
③ 郭文韬：《中国农业科技发展史略》，北京：中国科学技术出版社1988年版，第369页。
④ 周邦君：《乡土技术、经济与社会——清代四川"三农"问题研究》，成都：巴蜀书社2012年版，第136-137页。
⑤ 陈桂权：《冬水田技术的形成与传播》，《中国农史》2013年第4期，第3-13页。
⑥ 陈桂权：《四川冬水田的历史变迁》，《古今农业》2014年第1期，第83-91页。
⑦ 杨守仁主编：《水稻》，北京：农业出版社1987年版，第98页。

书认为二者有所区别，而正是它们的区别才是探讨冬水田技术起源与成形的关键。

其二，"冬沤田"又称沤田，是一种改善土壤结构、恢复地力的水田利用方式。《说文》解："沤，久渍也"。"冬沤田"即冬季浸泡水中的田。沤田最早出现于南宋长江中下游地区，其逐渐从最初的单纯灌水淹田，演变成一套包括田中沤肥、放水晒垄等完备的技术流程。"冬沤田"与"冬水田"虽十分相近，但并未有合二为一的高度同一性，若不论地域差异，二者最大的不同是目的不同：冬沤田为保肥、恢复地力；冬水田则为保来年栽插。目的不同便决定了在水稻栽插之前，农民对它们处理方式的不同。在栽插冬沤田之前，有一段放干晒田的时期；而满蓄田水是农民在栽插冬水田之前最想看到的景象。

其三，"四川"：历史上"四川"是一个动态变化的概念，不同时期其所包含的范围也不尽相同。为了避免歧义，本书以清代四川省为基准来定义四川的概念。据《清史稿·地理志》记四川省境"东至湖北巴东县；西至甘肃西宁番界；南至云南元谋县；北至陕西宁羌州"[1]。共辖"道七，府十五，直隶州七，直隶厅六，府辖州十三，府辖厅八，县一百十九"[2]。在冬水田的实际分布中，又以丘陵地区为主，故本书论述的核心区域为四川的丘陵、山地区，高原牧区并不在本书讨论范围之内[3]。

三、本书主要讨论的问题

本书将对以下五个问题做深入讨论。

其一，对存在争议的冬水田起源问题进行新探讨。农史学界对冬水田讨论最多的是其起源问题，并形成了"汉代说""南宋说""明清说"三种观点，比较这些说法，其各有道理，但仍存在一些问题。在没有直接史料证据的前提下，考证某种技术的起源本就困难重重，且技术从原始技术观念，到最终定型均要经历一个过程，这个过程有长有短。故而，相较于单一地考证技术出现的时间点，我认为梳理技术形成的过程，对于我们理解技术发展的内涵将更有意义。同时，在相当多的研究中，我们可以看到，技术既可能是孤点起源，后经过传播、扩散开来，也可能

---

① 赵尔巽：《清史稿》六十九《地理志十六》，北京：中华书局 1976 年版，第2207-2208 页。

② 蒲孝荣：《四川政区沿革与治地今释》，成都：四川人民出版社 1986 年版，第424-425 页。

③ 本书中重庆市的冬水田也才讨论之列。

是多点起源；而相似的自然环境条件、社会文化因素对于不同地域，出现类似技术也有着共同的塑造作用。因此，在没有直接证据的情况下，本研究转换思路，从技术传播的角度，对冬水田的起源问题进行了新的梳理分析，通过将其与相似的"冬沤田"进行比较，认为四川冬水田的大规模兴起，源于移民将沤田技术传入之后，为适应四川的环境特点而进行的改变。

其二，全面梳理四川冬水田的发展脉络、澄清其演变趋势。冬水田自雍乾时期在川兴起，到20世纪70—80年代其逐渐式微，其间在农田水利建设政策、农业发展方向调整等因素的影响下，冬水田历经了反复多次变化。梳理四川冬水田从兴起到衰落的过程，我们可以从中看到在不同时代背景下，国家政策、民间习惯、经济关系等诸多因素对其的综合影响。

其三，讨论冬水田相关的农业技术。这个问题主要包括这样两个方面的内容：一是要讨论冬水田技术的全部流程，包括留蓄、蓄水管理、用水调配、耕作流程、收获、后期管理；二是围绕着改造冬水田所推行的相关农业技术，包括稻作制度的革新、梯田水利方式的变革、灌溉农具的改进三大方面的内容。尤其是稻制的革新对四川稻作生产意义深远。在留蓄冬水田的情况下，四川各地多种一季中稻。农学家们改造冬水田的目的便是要提高土地利用率，提高粮食总产，改革冬水田一季中稻为双季稻制或水旱轮作制，便可实现这一目的。因此，对于四川双季稻的推广也将是本书研究中的重要内容。

其四，全面讨论冬水田变化的动因。影响技术变迁的原因从大的方面看，可分为自然环境因素与社会环境因素两方面。自然环境因素往往是影响技术选择的基本因素，特定的自然环境条件要求相应的技术与之适应，当然高一级的技术亦可突破环境条件的制约，但是这种突破总是有限度的。可以说在特定的时空背景下，自然环境是技术选择的基础因素。社会性是技术的天然属性，技术的出现、应用均是为了解决某种社会问题，或许该问题有大小之分，但其解决问题的初衷当是一致的。作为技术的冬水田，其变迁同样受这两方面因素的影响。我将着重探讨影响冬水田变化的社会因素，主要有全面抗战时期大后方的农业改进、1949年之后农田水利政策的变化、租佃关系与冬水田、灌溉技术与冬水田等方面。

其五，试论冬水田未来的命运。研究四川冬水田变迁史的初衷就是为了考察在社会环境条件发生变化的背景下，冬水田这种传统的农田水利技术到底能否适应种稻的需求，尝试回答"是否提倡恢复冬水田"的问题。

四、主要研究方法及资料来源

（一）研究方法

文献是历史学研究的基石。任何历史问题的研究都离不开对文献的考订、排比、归类与整理。甚至可以说，历史研究就是对文献的解读。因此在本研究中，文献分析是最基本的研究方法。文献法主要通过对相关文献的收集、进行分类整理、解读，并以此为基础对历史进行复原。本书主要以直接记载冬水田及其相关问题的文献为主要的分析文献来源，其包括清代的农书、四川地方志、民国时期的考察报告、研究文献等。

比较研究法。比较研究是通过横向与纵向的比较来全面阐释研究问题的多样性，并揭示各个历史时期冬水田变化的动因，力求真正做到客观全面地研究问题。本书也将比较清代、民国以及新中国四川冬水田的发展变化情况，以期总结出其变化的规律与历史经验。

实地考察法。研究冬水田这项至今犹存的水利工程，除通过基本的文献回溯、梳理、重构其发展的历史脉络外，辅之以相应的实地考察将有助于准确理解文献、深入探讨问题。

（二）资料来源

白馥兰在研究中国农业史时将其所依据的主要文献分为：月令、农书、官修农书、农书专论、其他资料五大类别①。该分类似已包罗目前农史学界研究文献的主要来源。本书研究冬水田变迁史所依据的主要文献也大致不出白氏所列之五类，只是各类文献略有主次之别。

在研究其他传统农业技术时，中国数量众多、内容丰富的农书无疑是最主要的材料来源之一。但传统农书中很少有直接记载"冬水田"的内容。在几部重要的农业著作中，只有南宋《陈旉农书》《种艺必用》、明末《农政全书》、清代《耕心农话》中提及与"冬水田"技术相关的内容，而最有可能记载冬水田的四川地方性农书《三农纪》却只字未提。之所以会出现这种情况，与冬水田出现的时间与地域密切相关。虽然冬

---

① ［英］李约瑟主编：《中国科学技术史》系列丛书第六卷《生物学及相关技术》第二分册《农业》中，作者白馥兰将其所用文献分为：月令、农书、官修农书、农书专论、其他资料五大类别。

水田的技术源头可追溯至南宋，但其大规模兴起的时间与地点是在清雍正之后的四川①。这便可解释在成书于此前的大型农书中难觅冬水田踪迹的缘由了；而成书于清乾隆年间的《三农纪》中也未记载冬水田，这恐与作者并不认为冬水田能作为一种水利方式或冬水田在当时、当地并未大规模流行开来有一定关系②。总之，在传统农书中要想获得更多直接关于冬水田的材料是比较困难的。当然，大多数技术的出现并非一蹴而就，在其最终成型之前必有一个由雏形到改进，再到定型的过程。传统农书中虽无直接记录冬水田的材料，但其中亦不乏记述与冬水田技术相关的内容。这些材料对于本书分析冬水田技术的源头十分重要。

在中国传统农学知识的构建与传播中，官员的载体与媒介作用尤其重要。在以农立国理念的驱使下，劝农备受重视，从最高统治者皇帝到地方官员都肩负劝农的使命③。在地方官员的劝农活动中，劝农文的撰写与张布成为农学知识传播的主要途径。传统劝农文中虽不免有冠冕、空洞之词，但亦不乏大量介绍耕作经验、传授先进技术的内容。四川冬水田技术的兴起便得力于地方官员劝农活动的推动。此间流传至今的主要文本，如雍正时成都知县张文蘷所著《农书》以及乾隆初年，德阳知县阙昌言所著《蓄水说》，都是在官方劝农背景之下应运而生的。这两篇直接传播冬水田技术的文献，虽不像其他劝农文那般冠以"某某劝农文"之名，但其实质与劝农文无异。张氏《农书》名虽为书，实则是文。全书只有九个条目，共 2 000 余字，内容包括："岁所宜谷""养谷种""播种之时""耕犁""疏耙""锄耘""粪壤""水利""牧牛"。该书辑成于雍正年间（1723—1735），刊行于当世。乾隆九年（1744）罗江县知县沈潜奉命重刊，并为其逐条添加按语，附于当时所编《罗江县志·水利》之后④。《蓄水说》则是现存第一篇全面介绍冬水田技术的文献。该文是

---

① 陈桂权：《冬水田技术的形成与传播》，《中国农史》2013 年第 4 期，第 3–13 页。
② 张宗法：《三农纪》卷五《水利·溉法》详细列举了多种难以实现自流引水灌溉的地区所常用的灌溉办法，如龙骨车、筒车、枧槽等，这些方法均为地势较高的丘陵山区所用引水办法。张宗法将篇名取为"溉法"其未将冬水田纳入也在情理之中。因为冬水田并不是一种灌溉手段，而是一种蓄水方式。另外《三农纪》成书于乾隆二十五年（1760），作者张宗法为什邡人。这一时期四川冬水田虽已出现，但其尚未大规模推广开来。前述两重原因，似可为《三农纪》中未见冬水田的记载做一解释，至于合理与否，还可商讨。
③ 曾雄生：《告乡里文》：传统农学知识的构建与传播》，《湖南农业大学学报（社会科学版）》，2012 年第 3 期，第 79 页。
④ 乾隆《罗江县志》卷四《水利》。

阚昌言任德阳知县期间，为解决德阳水利问题而作。文章主要介绍了"预浸冬田蓄水"与"密作板闸停水"两种蓄水方式，其"预浸冬田蓄水"讲的正是冬水田技术①。这段内容也成为人们探讨四川冬水田出现的年代问题时最常用的直接证据之一。

方志这一"以地方行政单位为范围，综合记录地理、历史的书籍"②已成为研究地方史的重要资料来源。明清以来存留下的方志数量庞大、内容丰富，是历史研究者不能忽视的重要内容。在区域社会史、经济史、农业史等的研究中，参考地方志是材料来源的主要途径。纵观方志的发展史，可以发现现存最早一部方志《华阳国志》，所记的主要地域便是四川。明清以来四川留存下来的方志，也有六百部之多③。而今在数字化时代下，各种数据库的检索又为资料的收集提供了相当的便利，尤其是"中国数字方志库"④ 的推出使得笔者能够便捷、全面地搜集相关资料。方志中与冬水田相关的内容主要在《水利志》以及《风俗志》的"农事"篇中，虽然内容不太多，但通过梳理这些零星却关键的记载，对于了解冬水田传播的路径以及其如何由一门新技术最终定型为一种耕作制度的过程是十分必要的。至于使用方志时，它本身所存在的前后因袭、传抄错误等弊端，是需要研究者做一番考究，方能采用。另外，地方史志类中，除方志这种综合性志书外，专志也将成为本研究的重要参考，尤其是农业志、水利志这类与冬水田技术关系密切的专志，如四川省水利电力厅所编六卷本《四川省水利志》，内容涵盖四川水利史上发展的重大事件，其中的农田水利部分涉及冬水田的内容颇多，于本研究价值尤大。

此外，在外国人所撰写的游记中也能找到不少如实记录当时四川农业概况的材料，如澳大利亚人莫里循的《中国风情》，美国人 E. A. 罗斯的《变化中的中国人》等。农谚这一直接源自生产实践的经验智慧，不

---

① 阚昌言：《蓄水说》自同治《直隶绵州志》卷十《水利》。
② 冯尔康：《清史史料学》，沈阳：沈阳出版社 2004 年，第 161 页。
③ 何金文：《四川方志考》，长春：吉林省图书馆学会 1985 年，第 8 页。
④ 中国数字方志库是一套大规模数字化的地志类文献综合性数据库。本库先期收录 1949 年以前地志类文献万余种，涵盖了宋、元、明、清及民国时期的稿本、抄本、刻本、活字本等各种版本，全国各公共图书馆、大专院校图书馆、博物馆及私家的孤本、稀见本、批校本、题跋本等各种藏本，各个历史时期的全国总志、各级地方志以及山水志、水利志、名胜志、祠庙志、园林志、民族志、游记、边疆和外国地理志等。

但指导农业生产，还可以反映地方农业的实际情况。因此，在农史研究中农谚也可成为资料来源之一。学界前辈游修龄先生早在 1995 年，就指出了农谚对于农史研究的重要性①。因此在本研究中也将利用《中国农谚》中与冬水田技术相关的农谚②。民国时期农业研究者们对于四川农业以及冬水田做了大量的研究，这些研究成果多发表在《农报》等专业刊物上。晚清民国数据库、《民国时期农业论文索引》等③的推出为文献的收集提供了便捷。档案资料如《四川省农业改进所档案》《中华民国史档案资料汇编》等都可作为资料的扩展来源。

五、本书难点及创新点

本题研究的难点与创新点主要有以下两处。

其一，冬水田这个题目外延的狭窄性与资料的有限性是本研究的一大难点。冬水田作为一种农业技术与耕作制度，若仅关注其技术变迁之本身，即便将时段延展至今、贯穿其发展的始终，其内容也相对有限。所以，这就决定了本书的关注点必须多元化，除了讨论冬水田技术本身的演变外，冬水田与环境、冬水田与四川农业等问题也需有所关照。这一层面上的研究就涉及农业技术与社会关系的讨论。这又对本书的写作提出了更高的要求。另外，受资料所限，如何结合好文章的"专业性"与"可读性"是本书写作的又一难点。

其二，冬水田的现实功用决定了讨论它的主要群体是从事农学研究以及技术推广工作的一线人员。在他们的研究中，冬水田的工具性价值会得到更多的关注，因此我们将会看到，在不同时期冬水田的地位会发生颠覆性变化的情况。他们研究的着眼点多在当下，诸如"冬水田的历史"此类话题，往往被一笔带过。所以在这些研究成果中，我们看到的冬水田是孤立的点，本研究的目的正是要把这些孤立的点串联起来，使其成为一条动态的历史曲线。我们知道曲线是可以看到变化、总结规律的，当然也许能预测未来的发展方向。这或许就是本书以技术变迁史的视角来全面研究冬水田的意义及创新点之所在。

---

① 游修龄：《论农谚》，《农业考古》1995 年第 5 期，第 270-278 页。
② 农业出版社编辑部：《中国农谚》，北京：农业出版社 1980 年版。
③ 王俊强编：《民国时期农业论文索引（1935—1949）》，北京：中国农业出版社 2011 年版。

第一章

环境与稻作：冬水田兴起的背景探析

第一节　自然背景：四川的地理与气候特点

自然环境是人类活动的天然舞台，农业生产活动是人类通过劳动与环境的互动。自然环境既为农业提供发展的条件，农业也改造着环境。四川冬水田的出现是技术适应环境的结果。因此，在全面讨论冬水田之前，有必要对四川的自然环境做一介绍。与专业地理著作不同，本节不会对四川的地理情况进行系统性的介绍，而仅从其与农业关系最为密切的几个方面，来阐释环境对于农业技术选择的影响。

一、地形与地貌①

在中国版图中四川位于西南部，其具体地理坐标概为东经 97°26′~110°12′和北纬 26°01′~34°21′。境内山峦起伏，地形复杂多样，垂直变化明显，西部有大幅度隆起的高原，东部是相对低下的盆地，这二者大概以今阿坝、甘孜、凉山的东界为分界线。西部高原为牧区，东部盆地为农业区。本书所论述的冬水田主要存在盆地内部。从地貌学上看，四川省地貌类型概分为四类：平原、丘陵、山地和高原。其具体比例，如表1-1。

---

① 主要参考中国科学院成都地理所：《四川农业地理》，成都：四川人民出版社1980年版，第2-6页。

表1-1　四川主要地貌类型及其构成

项目		海拔（米）	相对高度（米）	占总土地面积（%）
平原	平原	<500	<20	2.54
丘陵	缓丘平坝	<500	<50	4.00
	浅丘	<500	<100	9.89
	深丘	<500	<200	4.74
山地	台状低山	<1 500	<500	2.52
	低山		<500	18.87
	山间盆地	1 500~3 000	<500	0.29
	山原	1 500~3 000	<500	2.00
	中山	1 500~3 000	>500	11.48
	高中山	3 000~4 200	>500	9.00
	高山	4 200~5 200	>500	4.87
	极高山	>5 200	>500	0.77
高原	平坦高原	>3 000	<100	3.22
	丘状高原	>3 000	<500	12.26
	高山原	>3 000	>500	13.02
	高原宽谷	>3 000		0.52

　　从表1-1可以看出，在四川的地貌类型中，山地与高原面积共占78.82%，丘陵与平原的面积分别只占18.64%和2.54%。

　　四川地形多样，地貌差异显著。因此，据各个地貌单元不同的地形特点，又可做以下具体的地形分区。每个地形区的农业也各具特色。

　　四川盆地区：盆地的范围大致以雅安—广元—奉节—永叙4点连线为界。海拔大致在200~700米，面积约为17万平方公里，占全省总面积的30%左右。盆地内农业地貌以丘陵、平原为主，少部分低山和台地。长江自西向东横贯盆地。优越的自然地理条件是盆地农业发达的基础，"天府之国"所称即此。

　　盆周山地区：本区处于盆地与高原的过渡地带，紧靠盆地，地形以山地为主，主要包括绵阳、广元、达州、万县、乐山、宜宾、雅安。本区耕地类型主要以旱地为主，也有零星的水田分布。

　　川西南山地区：本区处于云贵高原与四川西部高原的过渡地带。包括攀枝花市、凉山彝族自治州全部以及甘孜藏族自治州、雅安、乐山两地市的部分地区。本区山地多，丘陵与平坝少。川南河谷地带，光照充分、热量充足适合农业的发展。

川西高山峡谷区：本区属于青藏高寒区域边缘地带，垦耕条件差，适合牧业与林业的发展，地域主要包括阿坝州东南部、甘孜州南部以及凉山州的木里地区。

川西北高原区：本区为牧区，境内以畜牧业为主，包括甘孜州大部分和阿坝州部分地区。海拔多在 3 000~4 000 米及以上，地形以高原为主，牧草繁茂，宜于牧业。

从上述地形分区不难看出，盆地内部、盆周山区最适合种植业的发展，这两个地区也正是四川的主要农业区。从历史发展看，四川农业开发的空间展布趋势是从盆中向盆周扩展的。这一过程大致自宋开始，之后尤其是清代"乾嘉垦殖"运动的展开推进了盆周山区农业的开发。本书讨论的冬水田正是顺应四川农业由内向外这种历史发展趋势，而出现的农业水利技术。冬水田主要分布在盆地内部与盆周、盆南山区。

二、典型农业地形：平原与丘陵

平原与丘陵虽然只占四川总面积的 20% 左右，但它们却是发展农业的主阵地。地理条件的优越性是农业发展最有利的前提。平原在四川又被称为平坝，其划分标准是海拔高度在 300 米以下，相对高度差小于 20 米，坡度 7°以下的平坦地面。在四川，河流是塑造平原地形的主力，从主要的平原分布点来看，它们多与大江、大河有紧密的联系。四川最大的平原是位于川西的成都平原，地处龙泉山与龙门山之间。地质学的研究表明，第三纪末或第四纪初期（距今约 180 万年），在喜马拉雅造山运动的强大作用下，西部龙门山强烈褶断隆升形成了明显的高原与盆地两级地貌阶梯；而另一端龙泉山褶断的隆起又分解了四川盆地原始的准平原，于是位于两个构造带结合部位的成都盆地急剧下降[①]。这样的地质运动奠定了成都平原的基本框架，之后河流的冲积最终完成了成都平原的塑形。从地域范围看，成都平原北起灌县、德阳，西至大邑、邛崃，南至青神，边缘环及高度不大的丘陵地区，面积约为 8 000 平方公里，主要组成部分是岷江冲积扇，占整个平原面积 60%，其余为沱江、青衣江及其支流所形成的扇形冲积地，与岷江冲积扇相连成片[②]。成都平原上河网密布，大小河流不计其数，其中干流有：岷江、沱江、青衣江等。这些河流多发源于西部山区，自西向东汇入进入盆地，最终汇入长江。河流

---

① 何银武：《试论成都盆地（平原）的形成》，《中国区域地质》1987 年第 2 期，第 176 页。

② 孙敬之主编：《西南地区经济地理》，北京：科学出版社 1960 年版，第 6 页。

由山区进入盆地之后，地势展开，水流分支越来越多，形成若干冲积扇，并最终形成冲积平原。河流冲积的土壤疏松、土质肥沃，极利于农业的发展。

四川的丘陵主要分布在中部地区，包括岷江、龙泉山以东，成都平原以南，渠江以西，川江以北的沱江、嘉陵江中下游地区，面积约为10万平方公里，是典型的红岩丘陵区①，人们所称的"紫色盆地"指的就是川中丘陵地区。盆中丘陵，海拔多在300~500米，相对高度差50~200米，台坎状、馒头状孤丘分布广泛，耕地面积占全省耕作总面积62.5%②，农田类型以梯田为主。明清时期是川中丘陵地区农业全面开发阶段，冬水田的主要分布地区也位于川中丘陵。故在本书的论述中，川中丘陵区的冬水田是主要的讨论对象。相较于川西平原区，川中丘陵区的天然引水利条件差，只有少部分濒河低地能实现自流灌溉，大部分地区主要依靠提灌、蓄水等方式进行灌溉。

三、气候与降水

四川省既处于亚热带，又位于青藏高寒区与东部季风区的交接地带，地形的多样性使得四川气候的区域性差异显著：东部地区属于亚热带湿润季风气候区，川西高原则属高寒气候。气温年均变化不大，但东西部差异显著。东部地区气候特点是冬暖夏热，春旱、多雾、光照时间短，无霜期长，春温高于秋温，全年水量丰沛，但降水季节分配不均，夏季降水集中，春雨少于秋雨，秋多绵雨。从气象学上看，季风与副热带高压带的协同配合形成了四川各季气候。夏季太平洋高压北移至长江中下游附近，四川盆地东部便出现连晴高温的天气；而盆地西部因处于太平洋高压与青藏高压低压的接触地带，故少晴多雨。冬季在西风环流与低层季风的综合作用下，东部盆地主要受北方冷空气的影响，日照少、湿度大，西部受青藏高压的控制，气候正好与东部相反。在副热带高气压带与西风环流的交替控制下，四川的气候在地区间、季节间均有显著差异。

在冬水田广泛存在的丘陵地区，其气候虽不尽相同，但都具备这样一个基本特点：春旱秋雨。所谓"春旱"是指某地春季月降水量小于20毫米时，对农业造成的灾害。春旱直接影响作物的种植，如水稻栽秧、

---

① 《四川省水利志》（第二卷），成都：四川省水利电力厅1988年版，第8页。
② 中国科学院成都地理所：《四川农业地理》，成都：四川人民出版社1980年版，第4页。

玉米播种。古代农民应对春旱办法也有多种，如从播种技术上进行改良的"芽种法"①；从栽培方式上革新的是"旱地育秧"技术②；从水分调配上调整的是冬水田。正如20世纪30年代一位农学家所言："川省气候温和，冬无严寒夏无酷暑，冬季较凉燥，夏季较温湿，属于'温温带'气候，此种湿润温和气候之形成，由于四境高山环绕与阴暗多云之天气所致，冬季甚少霜雪，干燥亦不甚严重，故冬作极少受干旱冻害之灾，唯有时春旱影响水稻移植，因此稻田有蓄水与灌溉之需要"③。当然，影响四川农业的旱灾类型还有夏旱与伏旱，只是与本书所讨论的冬水田关系最为密切的是春旱。"秋雨"是四川地区又一个普遍的气候特点，据统计表明四川大部分地区秋季降水量占全年的比重在20%～30%，盆地内部秋季降水量在250～500毫米；但冬春季各地降水均少，盆地内部最多也仅占全年的10%左右④。孙光远在1946年这样总结四川的气候特点：

> 四川全境气候差异甚大，变化亦巨，年雨量约在九百耗（毫）以上，不患雨量不足，惟患雨期分配不均，考旱灾之来，似有定律，并有预兆。证诸历史及气象之记载，每三年一小旱，五年一大旱，一年之中又以春夏之交最为严重，秋雨最多，约占年雨量之半数以上⑤。

孙氏的描述虽未经严格定量的统计，也有不准确之处，但其依然可说明"春旱秋雨"乃四川气候之一大特点。

所以，四川的气候与降水特点为冬水田的出现提供了客观基础；多丘陵、山地的地形特点又使常规水利方式不便开展。可以看出，自然环境对于四川冬水田技术的选择起着基础性配置的作用。冬水田能储蓄"秋雨"以防"春旱"，起到保障水稻按时栽插的作用。

---

① （清）张宗法：《三农纪》，周介正等校注，北京：农业出版社1989年版，第195页。
② （宋）王得臣：《麈史》卷三，文渊阁四库全书本。
③ ［英］利查逊：《四川之土壤与农业》，农林部中央农业试验所1942年6月，第1页。
④ 《四川省水利志》（第二卷），成都：四川省水利电力厅1988年版，第26页。
⑤ 孙光远：《农业上预防旱灾方法》，《农业推广通讯》1946年第5期，第17页。

第二节　人文背景：四川农业及水稻种植的历史

一、农业与水稻

（一）清代以前四川农业发展[①]

四川农业的历史悠久，在新石器时代中期，在三峡与川西南河谷地区就有了农业种植的痕迹，之后盆地内的江河沿岸，原始农业也相继发生。周代初年，蜀王杜宇先在成都平原西北部开辟了小块旱地农作区；开明蜀国时又在平原东南部开辟水田农业区。秦时都江堰水利工程的兴建，形成了川西自流灌溉区；中原移民的进入，带来了铁铧犁与先进的农业技术，掀起了第一次农业开发的高潮。汉代水稻种植区在川西平原继续扩大，基本形成南起乐山，北至绵阳的盆地水田农业区。旱地向盆中丘陵沿河岸扩展。至东汉末年，成都平原基本形成"渠—塘"灌溉系统和"粮田—水产塘—经济园林"相结合的多种经营结构的田园景观。三国至西晋的战乱对四川农业破坏严重，盆西水田区萎缩。东晋南北朝，河川夷僚逐渐转营旱作农业。

隋代均田制推行之后，四川农业又缓慢恢复并进入了第二次开发的高潮。唐代盆西水利的兴修促进水田农业的恢复；汉民陆续移居盆地中、东部河川开发水田，部分夷僚向丘陵及低山进发，开辟畲田，出现垂直农业景观。至唐天宝年间，全川耕地面积已由隋大业年间的26万顷[②]增至38万顷。宋代四川人口大增，农业开发向纵深化发展。盆地西部继续兴建渠堰水利工程，成都平原移丘填池，闲置土地充分垦辟为田，园林陂塘多消失。盆地其他地方的水田开始向高处发展，出现梯田。山田与茶园的面积扩大，畲田向高半山延伸，丘陵及低山区的森林消失。盆地周边垂直农业景观更加明显，水土流失亦显露端倪。至南宋嘉定末年（1225）全川耕地面积从元丰年间（1078—1086）的49万顷增至52万

---

① 郭声波：《四川历史农业地理概论》，《中国历史地理论丛》1989年第3期，第111–114页。

② 顷在不同时期也有变化，东汉时1顷约为24 265平方米，魏晋时为25 175～25 985平方米，隋唐时约为26 150平方米，宋时为22 670平方米，元时约为44 005平方米，明时约为32 000平方米，清时约为35 295平方米。全书参照此换算。

顷。历经宋元战争之后，四川农业再遭重创，耕地除盆西区及川江—嘉陵江"Y"形区外，大多抛荒。

元及明初在盆地中、西部大力推行屯田，强制恢复农业，但收效甚微。这一时期成都平原农业因元代对都江堰的整治得到水利保障，进而维持住了农业中心的地位，其余地区农业发展的主要成就在川江—嘉陵江"Y"形区。在川西南，元明时皆有内地军民进入屯垦，促进了农业区的扩展。在盆周丘陵、山地区，山湾塘堰得以普及，农业有所发展。耕地面积从元祐年间的 16 万顷增至万历初年的 36 万顷。之后，明清之际四川屡历战火，农业陷入低谷。这种情况一直持续到清康乾时期，四川农业才重新恢复生机并进入史上第三次发展的高潮期。

（二）清代以前四川的水稻种植

关于四川水稻的种植史，郭声波的研究已廓清了其发展的主脉络[1]。从现有考古证据来看，四川境内的稻作应有两个起源，形成了两套不同的稻作文化。一是在平原东南部的开明氏所从事的水稻农业活动。大致在春秋中晚期，开明氏这支来自楚地的移民进入岷江流域，征服了杜宇蜀国并在地势较低洼的成都平原东南部进行了以排泄为主的水利活动，开发水稻农业。《山海经》中便有相关记载[2]。另一是在川西南安宁河流域的稻作文化。据推测安宁河流域的稻作起源大约可追溯至公元前2000—1000 年，战国秦汉时期，安宁河流域的少数民族也从事稻作活动[3]。

秦汉时四川水稻种植区主要在盆西平原地区，水稻区的范围南北两端分别达到南安（今乐山）与涪县（今绵阳）。至此川西水稻区便开始成为四川水稻种植的核心区。除了川西平原之外，盆中区的大型河川沿线也有水稻经营活动。《华阳国志》中记载，汉晋时涪江流域有一些"山原田"可以种稻；而沱江流域却是"多山田，少种稻之地"。入唐以后，有更多的河川地带被开辟成稻田。如资州有"稻畦残水入秋池"[4] 的田园

---

[1] 本节参考了郭声波《四川历史农业地理》，成都：四川人民出版社 1993 年版，第148-154 页。

[2] 《山海经》之《海内经》："西南黑水之间，有都广之野，后稷葬焉，爰有膏菽、膏稻、膏黍、膏稷，百谷自生，冬夏播琴。"

[3] 四川省金沙江渡口西昌段安宁河流域联合考古调查队：《西昌坝河堡子大石墓发掘简报》，《考古》1976 年第 5 期，第 328 页。

[4] （唐）羊士谔：《郡中即事》，《全唐诗》卷三三二。

景象，阆州出现"菱荷入异县，粳稻共比屋"① 的情形。杜甫入蜀沿途中所记插秧种稻的情况也不少见。宋代川东合州、果州山陇起伏间有梯田出现，种植粳稻、糯稻②。万州的梁山（今梁平）、忠州的垫江、涪州的乐温（今长寿）一带河谷都已开辟成稻田③。但是，在盆地东南平行岭谷区水稻分布还十分有限。《舆地纪胜》说："峡路在巉岩危峻之中，其俗刀耕火种，惟涪、梁、重庆郡稍有稻田"④。在川西北的汶川地区也有种稻的记载⑤。宋代四川盆地的水稻种植在平原、河川和峡谷地带得到更广的普及，同时在不少水源或降水充沛的高地，稻田也开始出现。可见从宋代开始四川水稻种植的地域渐广。元明时期"川江—嘉陵江 Y 形区"是四川农业经营的重点区域，尤其是此区塘堰的修建，极大地促进了水稻种植业的发展。之后，清乾嘉时期四川水稻种植全面展开：在平面上水稻布局向全川扩展开来；在纵向上水稻种植随梯田化进程日益向丘陵、山地高处进发。在水稻向高处扩展的过程中，冬水田发挥了重要的作用。通观四川水稻种植的历史发展趋势，我们便不难理解为何冬水田大规模兴起于清代了。

二、水源与灌溉

在四川的农田水利实践中，根据地形与水源的不同，其具体的灌溉方式亦有差异，主要水利工程类型可分为如下三类。

（一）引水工程：河堰、泉堰

川境之内，引水工程最为著名者，非都江堰莫属。此水利工程是秦昭王时代的蜀郡守李冰，对岷江、石亭江、绵远河、文井江等河流进行综合治理开发的结果。之后，前汉文翁治蜀时，扩建引水干渠使灌渠向东延至新繁县，后汉时再度扩展至双流西南，奠定了都江堰灌区地跨蜀、广汉、犍为三郡，灌溉万顷良田的局面。在四川的引水工程中，都江堰的兴建造就了天府之国，形成川西基本经济区，其之于四川社会的意义重大，不必赘言。除都江堰之外，四川亦不乏其他大中型引灌工程，晋

---

① （唐）杜甫：《南池》，《全唐诗》卷二百二十。
② （宋）叶廷珪：《海录碎事》卷十七。
③ （宋）范成大：《范石湖集》卷十六《峡石铺》《垫江县》；（明）曹学佺：《蜀中名胜记》卷十八。
④ （宋）王象之：《舆地纪胜》卷一百七十四。
⑤ （宋）文同：《茂州汶川县胜因院记》，《蜀中名胜记》卷七。

代地处川西的武阳县（今彭山县）便"藉江为大堰，开六水门"灌溉犍为郡的农田①。唐开元二十八年（740），益州长史章仇兼琼修通济堰、蟆颐堰。据《新唐书·地理志》记载："眉州通义郡彭山县，有通济堰一、小堰十。自新津邛江口引渠南下百二十里②，至州西南入江。溉田千六百顷。开元中，益州长史章仇兼琼开"③。宋代时四川平原地区修建了更多的中小型引水工程，如治平四年（1067），什邡县建成洛口堰；通泉县（今射洪县洋溪镇）又修复"千顷渠"；元丰二年（1079），维州（今理县）州官杨采又在岷江上游修建引水工程灌溉田地。淳熙年间（1180），绵州刺史姜祁组织修建"史君堰"④。蒙元时期，四川平原地区的引水灌溉工程无太大发展；此后，明清时期四川水利发展重点转向丘陵山地的引水工程，平原地区的大中型灌溉工程基本维持了宋代以来的局面，虽有发展但亦不太大。

另外，引泉灌溉也是四川农田水利事业中的一大特点。早在汉明帝时，位于今德阳地区的孝泉灌田可达 6 顷。晋代新繁县亦有"泉水稻田"⑤。明清时随着山区开发的深入，引泉灌溉更为常见。明成化年间，璧山知县张本"掘觅井泉，民赖以济"。清代位于成都平原北部的德阳县，其境内灌溉水利虽有绵阳河、石亭江上的引水工程，但"二水所不及者，则乡村就近相地势高下，各开泉堰"⑥。

（二）提灌：水车

在四川农业灌溉中，水车这种传统提灌工具发挥过巨大作用。从目前所见文献的记载看，四川的水车使用历史最早可追溯至晚唐时，段成式《酉阳杂俎》所记蜀将军皇甫直为探寻水池中有何物作怪，竟"集客车水，竭池"⑦。此处"车水"既指利用水车（翻车）抽干池中之水。可见此时水车在四川已是常用之物，否则皇甫直也不可能将水车召之即来。五代时，后蜀末代皇帝孟昶的妃子花蕊夫人，在《宫词》中对其如何消

---

① 《元和郡县图志·剑南道·眉州》。
② 1 里秦时约为 415.80 米，魏晋时约为 435.6 米，隋唐时约为 454.2 米，宋时约为561.6 米，明时约为 588.6 米，清时约为 621 米。全书参照此换算。
③ 《新唐书》卷四十二《地理志》。
④ 《宋史·食货志》。
⑤ （晋）常璩：《华阳国志》卷三《蜀志》。
⑥ 同治《德阳县志》卷九《水利志》。
⑦ （唐）段成式：《酉阳杂俎》卷六。

夏避暑有这样的描述，"水车踏水上宫城，寝殿檐头滴滴鸣。助得圣人高枕兴，夜凉长作远滩声"①。词中"水车踏水"指的是翻车。时至宋代，在有关四川水车使用的文献中，便能觅见筒车的踪迹了。蜀人郭印在《忘机台》诗中记有成都双流县筒车的使用，其云："春轮旋转疾如飞，隔岸传声无间歇。……激水翻车真太黠。君不见，海上之鸥胡不下，当时妄念差一发。又不见，汉阴抱瓮用力多。区区反笑桔槔拙"②。两宋之际，南迁的中原人陈与义途经四川时，也见到"蚕上楼时桑叶少，水鸣车处稻苗多。江边终日水车鸣"③ 的情景。陈与义由中原入蜀，必自川北而入，而川北地区恰是四川筒车使用较早的地区之一。所以，其沿途见闻"江边终日水车鸣"的情形也在情理之中。其后，祖籍川北潼川府的和尚居简④在《北磵集》卷六《水利》中记载了四种水车的使用方式并比较各自特点。

> 以毂横溪，构轴于岸，比竹于辐，发机而旋。非深湍无所事。后重而前轻，俯仰如人意，并可以施其巧，此车、槔所以别也；水梭窾如匕，架而縻之，当畎浍之冲，溢则出，涸则纳；三者用于蜀。吴车曰：龙骨，方槽而横轴，板盈尺之半，纳诸槽，侧而贯之，钩锁连环与槽称参差，钉木于轴曰：猨首，戛以运其机，涧溪沼沚，无往不利，独不分功于槔。槔、梭一人之力；龙骨则一人至数人；车则任力于湍，随崇卑之宜。虽灌溉之功丰约不齐，其得罪于凿隧抱瓮，则钧也⑤。

从上述文献中可以看到，宋代在川北地区筒车、桔槔、水梭为已为常用的引水工具；而在江南地区翻车才是戽水的主力，因而才有"吴车曰龙骨"的说法。对于蜀、吴两地所用的水车的使用条件及所需动力条件，居简都有扼要的说明。居简关于宋代筒车的介绍虽短却精，寥寥数语便道出架设筒车的方式、地点及所用材料。无独有偶，南宋时在宁国

---

① 《全唐诗》卷七百九十八。
② （宋）郭印：《云溪集》卷六。
③ （宋）陈与义：《简斋集》卷十五之《村景》《水车》。
④ 《四库全书总目提要》云："简字敬叟，潼川王氏子。嘉熙中（1237—1240）敕住净慈光孝寺。因寓北磵日久，故以名集。"
⑤ （宋）居简：《北磵集》卷六《水利》，文渊阁四库全书本。

府（今安徽宣城）大力劝农、积极提倡使用水车的吴泳也是川北潼川人①。之后，有元一代，除对都江堰的整治外，四川诸地的水利事业没有太大成就②。因此，文献中对水车的记载也不多见。明代有关四川使用水车的记载，目前仅见于明人李实在注解杜甫诗句"连筒灌小园"③ 时所说："川中水车如纺车，以细竹为之，车首之末缚以竹筒。旋转时，低则舀水，高则泻水"④。显然，李实所指"川中水车"就是筒车。时至清代，水车在四川农业中的应用更加广泛，尤其是在地形较高不便引水的丘陵地区，水车在农田灌溉中发挥着重要作用。如道光《中江县新志》卷二《水利》在总结该县水利利用形式时便提到："邑境山麓之田，水下田高，势难灌入，则古桔槔之属。地矮以两人挽，引水上升，名曰手车。地高则置木架，四人排坐，各以其足踩运汲水，名曰脚车。邑境亦有拦水作堰，岸边造屋一所，中置木盘，运以长绳，用牛推挽，汲水上升，名曰牛车"⑤。川北地区的梓潼县也利用水车提灌，《县志》中记："河边或□□，筒车取水入沟；高田亦可用龙骨车，多人齐力绞水入田；沟渠难通之处，或可安设枧槽引水分灌"⑥。川东地区新宁县的水利工具中也有"手车、足车"⑦。可见此时翻车、筒车、牛转翻车、刮车均已得到应用。从使用轻便与灌溉效果看，水车之中筒车的地位最高。当然，其他的提水方式也可以弥补筒车的不足，尤其是抗旱应急时，就需多种提水机械配合使用了。

（三）蓄水工程：陂塘

　　早期四川的蓄水工程规模相对较小，多利用天然积水洼地略加整理而成。考古资料与传世文献均已证明陂塘这种蓄水模式在汉代的四川地区曾被广泛应用。图1-1是成都天回镇出土的东汉长方形陶水塘模型。

---

① （宋）吴泳：《鹤林集》卷三十九。
② 吴宏歧：《元代农业地理》，西安：西安地图出版社1997年版，第94页。
③ 以往有学者将这段材料作为唐代四川使用筒车的证据，稍考李实其人，便知此段这材料只能用作明代四川使用筒车的例证。李根蟠先生在《水车丛谈》中已经指出前人之误。而今再看杜甫诗句"连筒灌小园"中的"连筒"或许所指并非筒车，而是将竹子打通关节后所制的一种饮水管道。李实虽误解"连筒"，却给我们留下一则明代四川筒车使用情况的记载，真乃歪打正着。
④ （清）杨伦：《杜诗镜铨》卷八《春水诗》。
⑤ 道光《中江县新志》卷二《建制·水利》。
⑥ 道光《重修梓潼县志》卷一《水利》。
⑦ 道光《新宁县志》卷四《水利》。

此水塘里有堤埂，左端有排水渠和水闸，相隔为 3 段；塘里有小船、游鱼、野鸭、莲花等动植物，是一个综合利用的蓄水塘①。利用天然地形修筑陂塘"比作田围，特省工费，又可蓄育鱼鳖，栽种菱藕之类"② 综合效益甚大。唐代四川陂池蓄水工程也有一定发展。如贞观六年（632），盘石县北（资中县）70 里，有长 60 里的百枝池，垂拱四年（688），绵阳县开发广济陂，灌田一百余顷。宋代随着山区垦殖的加快，梯田得以发展起来。如在川东、川北地区"农人于山陇起伏间为防，潴雨而水，用植粳糯稻，谓之畽田"③。之后，明清时期四川的陂塘蓄水事业发展更为迅速，并成为丘陵地区农业用水的主要手段之一。

图 1-1　东汉时成都长方形陶水田模型

从引水方式上看，四川的水利灌溉主要是平原地区的引灌，丘陵、山地的蓄水灌溉与水车提灌。纵向梳理四川水利灌溉发展史，可以看到因地形条件的不同，平原地区多修建大型引水灌溉水利工程；山区多进行蓄水、提水灌溉。宋代以前四川的水利活动集中于平原地区；之后，山区的水利事业得以慢慢发展起来。清代是四川山区水利建设的高峰时期，多样化的水利方式在这里得以全面开展。冬水田这种以蓄水为核心的水利技术，正是在这样的背景之下得到全面推广，进而成为四川山区农业用水的主要途径之一。

---

① 刘志远：《考古材料所见汉代的四川农业》，《文物》1979 年第 12 期，第 61 页。
② （元）王祯：《王祯农书》之《农器图谱集之十三》，北京：农业出版社 1981 年版，第 324 页。
③ （宋）叶廷珪：《海录碎事》卷十七。

第三节　时代背景：清代的移民与垦殖

明末清初，四川屡遭兵燹，人口损失相当严重。雍正《四川通志》称，清初四川"丁户稀若晨星"①。昔日繁华的成都"城郭鞠为荒莽。庐舍荡若丘墟。百里断炊烟，第闻青磷叫月。四郊枯茂草，唯看白骨成山"②。川南南溪县"故家旧族百不存一"③。川北的安县"尽成荒土，鲜有居民"④。乐至县"自明季荡叛，鞠为茂草"⑤。关于清初四川其他地方的残破状况，方志中还有大量记述，此处便不细述。从康熙初年四川巡抚张德地⑥的入蜀见闻中，我们能对此时四川社会基本情况有个比较直观的了解。他在给皇帝的奏疏中，这样描绘四川各地的残破：

> 初到保宁，见民人凋耗，城郭倾颓，早不胜鳏鳏忧悸。迨泛舟遍历，日欷一日。惟重属为督臣驻节之地，哀鸿稍集，然不过数百家。此外州县，非数十家或十数家，更有止一二家者。寥寥孑遗，俨同空谷。而乡镇市集，昔之棋布星罗者，今为鹿豕之场。……复自泸州西指，乘骑陆行，一步一趄，咸周旋于荆棘丛中，而遇晚止息，结芦为舍。经过圮城败堞，咸封茂草，一二残黎，鹑衣百结……诚有川之名，无川之实⑦。

清初四川人口之稀少，由此可见一斑。人口史的研究已经证明此时

---

① 雍正《四川通志》卷五《户口》。
② 康熙《成都府志》卷首。
③ 嘉庆《南溪县志》卷三。
④ 民国《苍溪县志》卷十三《灾异祸乱》。
⑤ 光绪《乐至县乡土志》之《户口》。
⑥ 张德地，满洲遵化人，康熙三年（1664）由副都御使调任四川巡抚。参见雍正《四川通志》卷七下《皇清名臣》。
⑦ 康熙《四川总志》卷十《贡赋》。

四川人口总量是相当少的①，即便最乐观的估计也不过 75 万左右②。为了恢复四川社会经济，政府先后出台一系列政策吸引人口入川。康熙三年（1664）张德地上奏朝廷，希望皇帝能督促各省清查流寓的蜀民，并登记造册，促令返乡。张称其为"以川民实川户"③ 的招徕流亡政策。四川最有效的人口恢复措施是"移民实川"的政策，也就是我们所熟悉的"湖广填四川"。据现有资料表明，清初四川大移民开始于康熙中叶，其中，川西、川北属于二次恢复生聚，川东、川中则为移民的重点区域④。为鼓励移民入川，政府在土地政策上给予相当的优惠，顺治十三年（1656），朝廷准许蜀民"凡其复业者，暂准五年之后当差；开荒者，暂准五年之后起科"⑤。康熙年间，先后变为 3 年、6 年后起科⑥。雍正八年（1730）再次调整为荒田垦种，6 年起科；荒地垦种，10 年起科⑦。此外，政府零星土地实行免科政策⑧。在人口大量恢复与积极的垦殖政策的促进下，清前期四川迎来了历史上规模最大的一次垦殖运动："康雍复垦"与"乾嘉拓殖"。冬水田正是大规模兴起于此时。下面从水利政策与外来移民两方面来论述冬水田兴起的时代背景。

一、国家兴修农田水利的政策

珀金斯说："清代，仅仅在西南和陕西（西北）才加速了水利建

---

① 在研究四川人口史中较有代表性的的成果有：李世平认为，截至顺治十八年（1661）四川残存的人口应有明末 10%～20%，总量 50 万左右（参见《四川人口史》，成都：四川大学出版社 1987 年版，第 150－157 页）；王炎认为康熙九年（1670），四川人口应在 60 万～80 万人。（参见《"湖广填四川"的移民浪潮与清政府的行政调控》，《社会科学研究》1998 年第 6 期，第 113 页。）

② 周邦君：《乡土技术、经济与社会——清代四川"三农"问题研究》，成都：巴蜀书社 2012 年版，第 71 页。

③ 康熙《四川总志》卷十《贡赋》。

④ 王炎：《"湖广填四川"的移民浪潮与清政府的行政调控》，《社会科学研究》1998 年第 6 期，第 114 页。

⑤ 鲁子健：《清代四川财政史料》（上册），成都：四川社会科学院出版社 1984 年版，第 49－50 页。

⑥ 《清朝文献通考》卷二；康熙《四川总志》卷十。

⑦ 《清朝文献通考》卷三。

⑧ 《大清会典》卷一六四，记载乾隆五年（1740）诏曰："四川所属……如上田、中田丈量不足五分，下田与上地、中地不足一亩，以及山头地角、间石杂砂之瘠地，不论顷亩，悉听开垦，均免升科"；道光十二年（1832）清廷再次规定："四川零星之地与下地，不论顷亩概免升科"。

设。……人口的增长使水利活动的扩展成为必需"①。如珀氏所言，清前期出于恢复农业的需要与后来应对"生齿日繁"的压力，统治者们都较为重视农田水利建设。虽然清代除了西南和西北的水利建设呈加速发展态势外，其他地区对于水利建设的积极性尚不及 16 世纪②，但国家对于水利建设的重视程度是不容置疑的③。

就四川而言，清初抚川官员对水利建设给予了高度的重视。如顺治十七年（1660），四川巡抚佟凤彩到川后便对全川水利进行了一次较为全面的考察，并主持修复受损的都江堰④。雍正十二年（1734）四川巡抚鄂昌，主持修浚眉州之蟇颐堰⑤。次年（1735），初任四川巡抚的杨馝亦留心四川的水利建设情况，饬令各地"因地制宜，设法兴修水利"⑥。乾隆十八年（1753）总督黄廷桂"饬通省勘修塘堰，引灌山田"⑦。后任总督开泰于乾隆二十四年（1759）发《兴川省水利檄》令"地方府县，因时相度办理"水利事宜⑧，四川掀起又一轮兴修水利的高潮。乾隆八年（1743）巡抚纪山在一段碑文中谈到皇帝和地方官员对农田水利的关注，虽不免有溢美之嫌，但亦是当时国家重视水利的反映：

> 从来为政之道，重在养民；而教稼穑之功，先资水利。我皇上念切民依，重农贵粟，举凡川泽、陂塘、沟渠、堤岸，有关民生者无不上厪宸衷，频颁温谕。癸亥（1743）秋，余奉命抚川。其一切风俗、人心、土羽、吏治固皆加以整饬，而尤以圣朝生齿日繁，民间日用不足，深为切念。每遇属员进谒，惟将从前谕旨反复申明，

① ［美］珀金斯：《中国农业的发展（1368—1968）》，宋海文译，上海：上海译文出版社 1984 年版，第 79 页。
② ［美］珀金斯：《中国农业的发展（1368—1968）》，宋海文译，上海：上海译文出版社 1984 年版，第 79 页。
③ 郭松义：《政策与效应：清中叶的农业生产形势和国家的政策投入》，《中国史研究》2009 年第 4 期。
④ 嘉庆《四川通志》卷十四《水利》。
⑤ 台北故宫博物院：《宫中档雍正朝奏折》第廿三辑，第 56 页。
⑥ 台北故宫博物院：《宫中档雍正朝奏折》第廿四辑，第 473 页。
⑦ 嘉庆《四川通志》卷百十五《职官十七》之《政绩七》："乾隆十八年（1753）廷桂奏饬通省勘修塘堰，引灌山田。于是新都、芦山等十州县及青神县之莲花坝，乐山县之平江乡，三台县之南明镇，悉成腴壤。"
⑧ 李漂：《创修广寒堰碑记》见《四川历代水利名著汇释》，成都：四川科技出版社 1989 年版，第 406 页。

务期一体留心，以仰副圣天子水利与农工并重之至意①。

四川的许多农田水利设施都兴于乾隆时期，便是有力的证明。道光五年（1825），川省布政使司再次晓谕全川筑塘以兴水利、以防旱灾②。四川山区的农田水利建设得到进一步发展。

二、地方官员对四川农田水利认识的转变

水利建设除受制于地理因素外，人们对于如何开发水利的认识也会影响一个地区农田水利的发展情况。考察清代地方官员对于四川农田水利事业的认识，可知其经历了一个由"川中水利惟川西可兴"到"不拘常理，全面开发"的变化过程。正是这一变化对清代四川盆地周边丘陵、山地地区农田水利事业的发展起到重要推动作用。

最早对四川的水利布局发表看法的人，当属顺治时的四川巡抚佟凤彩。顺治十七年（1660），他在命人巡视全川水利后，言道："蜀省川东、川南、川北皆崇山峻岭，并无应修筑之塘堰，惟成都为省会，平川之地，旧有都江大堰，当兴"③。此即为刚入川的官员对四川当时水利现状的反映，但随着招徕人口的增多，垦殖规模的扩大，地方官员逐渐认识到在盆地周边多样化地发展农田水利事业的必要性。雍正十三年（1735），四川巡抚杨馝主张发动有水利经验的外省移民在川因地制宜兴修水利，他说：

> 臣思劝垦开荒首贵留心水利。……及查川省山多民少，如层峦叠嶂之间亦多可耕之土，须招在川之闽、粤、江、楚农民凿引泉源，或设堰分流，庶灌有资，旱涝无患。而水田之利亦溥矣④。

清初四川丘陵地区的水田数量并不多，这主要是受地理因素与水利观念的影响导致农田水利建设具有滞后性。如潼川府的遂宁县，地势较他处平坦，可谓"水流地衍，眼界豁然"，然其土地利用形式却以旱地为主，农作物则种以"荞、麦、烟、麻，历皆广种薄收"。有如此之地利优

---

① 纪山：《永济堰碑记》见乾隆《潼川府志》卷二《土地部·水利志》。
② 《邛西野录》卷二《水利》转引自萧正洪：《环境与技术选择——清代中国西部地区农业技术地理研究》，北京：中国社会科学出版社1998版，第111页。
③ 嘉庆《四川通志》卷十四《水利》。
④ 台北故宫博物院：《宫中档雍正朝奏折》第廿四辑，第473页。

势，却不开发水田，时任川北道陈纬对此颇为不解。其询问老农后，方知此地并无水利保障，"雨多则涝，雨少则旱"，于是他便亲自勘察、组织兴建永济堰①。另外，遂宁县令田朝鼎认识到了"吴田资水于河，蜀田资水于山"②的不同。显然，他所说"蜀田资水于山"是指川西平原以外的丘陵、山地的田。道光时，乐至县知县裴显忠对水利的认识，则更深一层：

> 水之溢地，如人身之血，毛孔爪甲，靡不流通，故随地高下，气所贯皆有水。其涌而为泉，注而为溪为涧，潴而为塘为堰，虽梯田架壑，足乎浸灌一也。然坐贪天幸，而不开步凿，不陂不蓄，不深淘，造物安能自抱注而与之③！

此段文字不但对水的物理性质发表了看法，对水的不同利用形式亦有论及，在《水利说》的下文中，他据自己的经验认为乐至县也可兴水利④，并劝谕县民"合出资财，以是时疏通沟道，浚沦堰塘，引溪水以入沟，引沟水以入于塘，务深务广，蓄水自多"⑤。咸丰时，梓潼县令张香海，将多样化的地理条件下的水利开发原则用"取水之法不一，惟在变通"⑥一语进行了精辟的总结。这一总结既是四川地区农田水利建设多元化特点的表述，也可视为在历经百余年的水利实践后，地方官员对在川如何发展农田水利事业的认识的转变。

三、移民对农业的开发

清初大量入川的外省移民，对四川平原地区农业的恢复与山区农业的开发，作出了重要贡献。从地形构成来看，四川除川西的成都平原之外，其余地形以丘陵、山地为主。四川平原地区的开发最迟截至宋代已经处于饱和状态。历经明末战乱的破坏直到清雍乾时期，四川平原地区的农业与社会经济的元气才得以完全恢复。之后，农业开发的重点向山

---

① 纪山：《永济堰碑记》自乾隆《潼川府志》卷二《土地部·水利志》。
② 田朝鼎：《射洪嘴筑堰述》自乾隆《遂宁县志》卷三《堰坝志》。
③ 裴显忠：《水利说》自道光《乐至县志》卷十一《田赋志·水利》。
④ 裴显忠云："吾闻斥卤之地，其水必浅，山高水高，凡俗人皆知之，何独乐邑不可兴乎？"参见《水利说》。
⑤ 道光《乐至县志》卷十一《田赋志·水利》。
⑥ 咸丰《重修梓潼县志》卷一《水利》。

区推进，这就是所谓的"乾嘉垦殖"时期。这一时期移民对川省农业的贡献主要表现在两个方面：其一，开发山田，改造土壤，扩大四川的耕地面积；其二，引进与推广原籍的部分粮食作物与经济作物，改变了四川的作物结构①。入川移民多来自南方水利发达省份，亦深谙水稻的种植技术，特别是对于山区水利的利用方式更是了如指掌。如上文所述雍正时的四川巡抚杨馝提出的发动"在川之闽、粤、江、楚农民凿引泉源，或设堰分流，庶灌有资，旱涝无患"②。这些移民到四川后，因原来饮食习惯的使然，使他们对种植稻的需求依然存在。于是，他们便利用已掌握的技术，在四川原来那些并未种水稻的地方，主要是丘陵地区，开展了一次大规模的"旱地改水田"运动。从水利灌溉方式上看，这一时期平原地区旱改水的途径依靠修建大中型的堰渠配套水利工程来实现；山区则主要通过修筑梯田与推行冬水田耕作制度来完成③。

除水利技术外，外省移民在运用肥料改良土壤以及农业耕作方面亦有高于川民的技艺。如川西的什邡县旱地因多石少土，耕作极其不便，迁居于此的广东农民将地中石头尽数筛选，增土添粪使其由贫壤便为沃土④。在肥料的使用过程中，因土壤性状与作物对粪肥适应能力的不同，其用量也必须因地、因种制宜，否则不当施肥，其效果适得其反。阚昌言《农事说》中的记载再次证明了移民在用粪方面的擅长，他说：

> 川蜀多系青黑沙砾之地，而黄土亦间有之。青黑泥壤多肥，沙砾黄土多瘠而高阜尤瘠。所以，变瘠为肥者惟在积粪酝酿而已。……今查川民动曰："下粪则田肥苗茂，禾多损坏"。遂不用粪。不知稻禾之种，有最宜粪一种，但根蕃而有芒者，喜得粪，一亩禾可得加倍收成。近见粤民来佃种者，家家用粪，所收倍多。德罗民

---

① 部分参考刘正刚：《清代四川闽粤移民的农业生产》，《中国经济史研究》1996 年第 4 期，第 71-79 页。

② 台北故宫博物院：《宫中档雍正朝奏折》第廿四辑，第 473 页。

③ 道光《三省边防备览》卷八《民食》："楚粤侨居之人善于开田，就山场斜势挖开一二丈、三四丈，将挖出之土填补低处作畦，层垒而上，绿塍横于山腰，望之若带，由下而上竟至数十层，名曰'梯田'"；道光《巴州志》卷一记载该县"荒山老林尽行开垦，地无旷土，梯田层叠"；光绪《大宁县志》卷三《风俗》称该县"倚山为田，大不盈丈，重叠而上，俗名'梯子田'"。冬水田的相关记载，详见下文。

④ 嘉庆《什邡县志》卷五《杂谈》："旱地之薄者，因多石故，耕耨皆难，近粤民佃耕地，数数拣去，培之以土，沃之以粪，亦觉操变饶之数"。

曷不效而行之①。

在川北地区的昭华县，土著居民因不善于种植，索性直接将地租佃给外来移民种植，获利颇丰②。同治《成都县志》中也称："农事精能均极播种之法，多粤东、湖广两省之人"③。另外，移民的到来也带来了一些新的作物品种，如"岁熟两次"的早稻"江西早"，由江西移民传入；耐旱性较强的"红脚稻"由湖广传入④。今天在四川地区广泛种地的甘薯，也是由移民带入并推广种植的⑤。

以上数端仅是清初外来移民对四川农业发展，做出众多贡献中的一些表现⑥。移民的进入带来了相对先进的农业技术，对四川农业发展的促进作用明显，尤其是推进了对山区的开发，不过也因此带来了一系列问题⑦。

小　结

从地形上看，四川大致可分为盆西平原、盆中丘陵、盆周山地、西部高原区四大地理单元，前三个区域是农业区，西部高原为牧区。基础地理环境条件的不同，影响着这些区域农业开发的类型与进程。盆西平原区是最先得到全面开发的地区。之后随着人口的增加，平原地区开发殆尽，开发的重心便逐步由盆西平原向盆中丘陵以及盆周山地转移。这一转折点大致开始于宋代，清前期达到高潮。因农业开发区域的转移，所依托的主要技术也在发生了变化。与农业开发最密切的灌溉水利技术便是众多需要改进的技术之一。纵观四川水利建设的历史，我们可以看到，宋代之前，四川的水利活动是以平坝地区的大型河堰引水工程建设

① 乾隆《罗江县志》卷四《水利》。

② 乾隆《昭华县志》卷五《政事》："土著民不擅种植，以其田佃于粤民。粤民岁奉租自种，所获得之数而又因为利，利且丰"。

③ 同治《成都县志》卷二《舆地志》。

④ 民国《南溪县志》卷二《食货志》。

⑤ 乾隆《潼川府志》卷二《土地部》："薯蓣种来自南夷，瘠土沙土皆可种，皮紫肤白，生熟皆可食，蒸食尤甘甜。潼民之由闽粤来者多嗜之，曰红薯。"

⑥ 刘正刚：《清代四川闽粤移民的农业生产》，《中国经济史研究》1996 年第 4 期，第 71-79 页；郭松义：《清初四川外来移民和经济发展》，《中国经济史研究》1988 年第 4 期，第 59-72 页。

⑦ 周邦君：《清代四川土地开发与环境变迁：以水土流失为中心》，《西南交通大学学报（社会科学版）》2006 年第 3 期，第 88-92 页。

为主；宋时丘陵地区的小型水利活动渐露端倪；明清以后，山区的水利建设与平原地区的水利建设得到同等重视。从具体水利技术看，多样化的水利方式是山区水利建设的基本方针。

历经明清时的全面发展后，四川的农田水利形式基本形成以渠堰、冬水田蓄水、水车提灌三种灌溉方式为主，坚持多样化、小型化的方针。在四川农业与农田水利发展的历史进程中，冬水田这种结合水利灌溉与农业耕作于一体的水利形式，对于山区水稻的种植发挥了重要作用。它之所以会在清代的四川大规模兴起，是环境与技术相互作用的结果。四川特殊的地理环境与农民对水稻种植的追求，共同促进了冬水田的兴起。

第二章

传播与演化：冬水田起源再探

冬水田的起源问题是农史学界讨论最多却未形成共识的话题。究其原因有史料缺乏之故，亦有定义混淆之由。技术从出现到最终定型，通常有个渐进演化的过程，即便同一技术在不同的时期或不同的地域，其呈现出的最终状态也不尽相同。因此，考察一项农业技术的起源，追溯其核心技术的形成与演变比单纯地考证其成型的时间更有意义。同时，分析其演化的过程才更加有助于理解技术变迁背后的动因。

第一节　冬水田的起源之争

"冬水田起源"这个问题至今在农史学界尚未形成统一的认识。学者们依据对不同材料的解读，所得出的结论也大相径庭：有人认为最早可追溯至汉代，多数人则认为始自明清。众说纷纭，莫衷一是。

目前，学界认定在现存文献中首次记载冬水田的文本是成书于清雍正九年（1731）的《农书》。该书由时任成都县知县张文檒辑录前人农学著作而成。故有学者认为冬水田的出现当更早①。在讨论冬水田起源的成果中主要形成了三种观点："汉代起源说""南宋可能说""明清出现说"。下面分别论之。

其一，"汉代起源说"。此说似为最早给冬水田寻根的判断②。其提

---

① 张芳：《清代四川的冬水田》，《古今农业》1997年第1期，第20-27页。

② 在此之前，民国时以及后来中华人民共和国时期关于冬水田的论述中，大多以"四川古以有之"等含糊其辞的说法述之。如在民国时期的农业专家对四川冬水田的研究中多为这样的提法。

出者郭清华，通过对1978年发掘于陕西勉县的四座汉墓中陶水田模型的分析，将其中一具正方形水田模型称为"正方形冬水田模型"①。该模型的外形特征为："田内有五条不规则形田埂，将田面分为大小不等的六个小块。其中：左上边田块里，泥塑有青蛙一只，鳝鱼一条，螺蛳一个，草鱼一条；左下田里，有螺蛳一个，青蛙一只；右上田内有鳖一只；右中和中下田内，各有鲫鱼一条，右下空无一物"②。郭氏推定该模型为冬水田的依据是汉中地区今天所存的冬水田以及模型中所呈现的"稻田养鱼"情形。他说："汉中地区水利设施是依据地势而发展的，直到现在仍然保持这种特征……由于冬水田贮水沤田时间较长，故当时多利用其养殖鱼类"③。郭的说法虽也得到个别学者的认可④，然而他的这一推断并不能令人信服。原因有三：一是冬水田是稻田养鱼的充分不必要条件。即利用冬水田养鱼在当今是存在的，但以"稻田养鱼"为据推测冬水田的出现却不合逻辑。二是汉中地区今日所存的冬水田，并不能倒推汉代当地也有冬水田。从现有文献看，汉中地区的冬水田极有可能是清初外来移民所开创。三是该模型本身能否作为"稻田养鱼"的证据，仍有待考证。已有学者指出该模型"非稻田而是池塘"⑤。

其二，"南宋可能说"。此说是张芳在《清代四川冬水田》一文中提出的。该文第一部分回溯四川水稻种植的历史，探析了冬水田的技术源头。在论至南宋叶廷珪《海录碎事》中所记"畽田"时，作者认为"畽田即为梯田，其还不是冬水田。但南宋时四川的一部分山丘地已完成了由坡土改为梯土，由梯土改为梯田的过程，再由梯田进一步发展为冬水田则时间距离已很短了"⑥。南宋时的《陈旉农书》在"耕耨之宜篇"中也有"春浊不如冬清"（即冬耕加泡田）的说法。因此，她认为"冬水

---

① 梁家勉等编：《中国农业科学技术史稿》（北京：农业出版社1989年版，第231页）采纳了郭的这一说法。

② 郭清华：《浅谈陕西勉县出土的汉代塘库、陂池、水田模型》，《农业考古》1983年第1期，第127页。

③ 同上，第130页。

④ ［日］佐佐木正治：《汉代四川农业考古》，四川大学博士论文2004年，第73页。

⑤ 向安强认为：第一，该模型不是冬水田，菱角生长季节应与荷莲、浮萍等相同，绝对不在冬季，菱角和青蛙（冬季入土，田中难觅）的存在足见这绝非冬水田。其二，该模型非稻田而应是池塘。第三，菱角的存在，从根本上否定了稻田说，而证明它是池塘。参见《稻田养鱼起源新探》，《中国科技史料》1995年第2期，第71页。

⑥ 张芳：《清代四川的冬水田》，《古今农业》1997年第1期，第21页。

田的起源与山区种植水稻的历史有很大关系，并且与梯田的起源和发展关系密切"，故她审慎地得出"不排除南宋时四川山区已有冬水田出现"① 的结论。

其三，"明清出现说"。这是一种较含糊的说法。郭文韬等编著的《中国农业科技发展史略》便采此说②。就其所列论据看，其描述的是清初四川德阳、罗江等地冬水田出现的情况。不知其称冬水田出现于"明清"所据为何？其他学者在论述四川冬水田出现的时间时多定其于清初③。这是较慎重的态度。

此外，以上三种说法对于冬水田起源的地点也各持己见。持"汉代起源说"的郭清华，认为冬水田最早出现在汉中地区；张芳等认为冬水田出现于四川；郭声波称四川的冬水田是由湖广地区传入的④，其依据虽不可靠，但亦不能排除此种可能性。概言之，冬水田的起源问题目前尚未有定论；不过，在研究冬水田的代表性成果中，对其出现有这样一种基本的认识：冬水田的起源与丘陵地区种稻关系密切，与梯田的出现有内在联系⑤。

---

① 在汪家伦，张芳《中国农田水利史》中（北京：农业出版社 1990 年版，第352 页）他们则认为：浙江天目山区的所谓"承天田""佛座田"，也属于这类情况（修筑塍岸，丘中聚水）。此种方式后世在一些山区一直沿用，俗称"冬水田"，即于冬闲田，潴蓄雨水，来春种稻。到 19 世纪，仅四川就有 20多个县分布有"冬水田"。《清代四川的冬水田》一文得出的冬水田起源的推测是更为合理。

② 郭文韬等编著：《中国农业科技发展史略》，北京：科学出版社 1988 年版，第369 页。

③ 萧正洪：《环境与技术选择：清代中国西部地区农业技术地理研究》，北京：中国社会科学出版社 1998 年版，第 114 页；周邦君：《地方官与农田水利的发展：以清代四川为中心的考察》，《农业考古》2006 年第 6 期，第 32 页。

④ 郭声波：《元明清时代四川盆地的农田垦殖》，《中国历史地理论丛》1988 年第 4辑，第 98 页。

⑤ 张芳：《清代四川的冬水田》指出，冬水田的起源与丘陵山区种植水稻的历史有很大关系，并且与梯田的起源和发展关系密切；周邦君也认为：在技术原理上，冬水田与梯田有内在联系。质言之，四川冬水田就是梯田技术与塘堰水利发展中一个合乎逻辑的结果。参见《地方官与农田水利事业的发展——以清代四川为中心的考察》，《农业考古》2006 年第 6 期，第 33 页。

第二节　长时段看南方山区农业开发的
进程与空间展布

冬水田作为南方丘陵地区种植水稻的一种水利方式，它的兴起与水稻种植向高地推进有直接的关系。稻作农业由平原低地向丘陵高地的扩张也是农业社会经济开发进程纵深化的表现之一。因此，考察古代南方山区农业开发的空间进程，对理解冬水田技术的起源亦有启发。

一、南方山区农业开发的阶段论

长时段地审视南方山区开发的进程，大致可将其分为三个阶段①：第一阶段为原始稻作农业（距今 1 万年至公元 2 世纪末），经济形态以采集渔猎为主、原始农业为辅，驯化与栽培的规模小，仅限于局部地区。第二阶段是南朝至北宋末，此阶段南方低山丘陵地区的河谷、盆地渐被垦辟为农田，梯田在局部地方已出现，中小型农田水利工程得到发展，但主导山区的垦耕方式是具有原始刀耕火种性质的“畲田”。江南丘陵山地、淮阳山地、湘中丘陵山地等低山丘陵地区得到较全面地开发。第三阶段是南宋至明清时期，浙闽山地、南岭山地、川东丘陵山地、粤桂山地、秦巴山地以及西南云贵高原山地渐次得到全面开发②。推动南方山区开发的动力是人口的增加，尤其是第二、第三阶段的开发更是如此。自东晋南渡开始，大量南迁的北方人口与南方土著居民共同促进了南方山区的开发。南宋时，随着经济重心南移的完成，南方山区开发的重点集中于东南丘陵与四川盆地，岭南、淮南、陇南等地区也有小规模的发展③。东南丘陵的开发以浙闽丘陵北部的严州、东部的台州以及皖南丘陵

---

① 韩茂莉以人口为标志也将山区的开发史划分为三个阶段：东晋南朝时期、唐宋时期、明清时期。参见《中国历史农业地理》，北京：北京大学出版社 2012 年版，第 64–79 页。这种划分侧重于外来移民进入南方后对农业开发的促进，历史上南方山区的开发也的确是在人口增加的情况下进行的，只是在东晋南渡以前，南方地区原住民对山区丘陵的开发也是存在的。所以，如果长时段地看待这个问题，这一阶段的开发过程也不可忽视。

② 鲁西奇，董勤：《南方山区经济开发的历史进程与空间展布》，《中国历史地理论丛》2010 年第 4 期，第 31–32 页。

③ 吴松弟：《中国移民史（辽宋夏金元卷）》，福州：福建人民出版社 1997 年版，第 451–469 页。

的歙州为代表①。山区农业的开发使得那些"深山穷谷，人迹所不到，往往有居民、田园水竹，鸡犬之音相闻"②。此时，四川盆地的开发重点还是在平原低处，人口的增加对土地提出了更多的需求，因此盆地内部盛行"填湖造田"运动，据陆游记载："陂泽惟近时多废。阆州（阆州市）南池亦数百里，今为平陆。成都摩诃池、嘉州（乐山市）石堂溪之类，盖不足道"③。梯田的出现对于山区的开发意义重大。截至南宋末年，梯田已成为南方山区农业开发的主要土地利用形式。此后的明清时期，人口增长速度更快，平原地区的开发基本完成，山区成为这一时期农业拓殖的重点区域。在人口大量增加与农业技术革新双重力量的推动下，明清时期南方山区的开发进入了历史上的高峰期。

二、山区农业开发的技术支持：以水利技术为代表

水利的兴修是农业发展的前提与标志之一。与平原地区相比，山区因环境条件的限制，兴修水利的难度更大，传统的大型渠堰灌溉系统在山区很难发挥作用。因此，修筑小型的水利灌溉设施便成为发展山区水利事业的主要形式。《王祯农书》从蓄水、提水、引水三个方面对山区的主要水利形式进行了总结，其中蓄水以陂塘、水塘为代表。关于陂塘的定义，《说文》曰："陂、野池也。塘、犹堰也。陂必有塘，故曰'陂塘'"④。宋元时期南方地区"熟于水利，官陂官塘，处处有之"⑤，如大中祥符（1008—1016年）初，江西袁州府四县便有陂塘4 453处，灌田544 283顷，平均每处陂塘保证1.22余顷土地的灌溉用水⑥。据淳熙二年（1175）统计，江东地区"修治陂塘沟堰二万二千四百余所"，淮东地区"一千七百余所"，浙西地区"二千一百余所"⑦。陂塘的主要特点是利用天然地形筑坝蓄水，并设置斗门负责关泄，可发挥灌溉与防洪的双重作用。关于陂塘的修建《陈旉农书》有这样的记载：

---

① 韩茂莉：《宋代东南丘陵地区的农业开发》，《农业考古》1993年第3期，第132-136页。

② （宋）李纲：《梁溪集》卷一二《桃源行并叙》。

③ （唐）陆游：《老学庵笔记》卷二。

④ 王毓瑚校：《王祯农书农器图谱之十三·灌溉门》，北京：农业出版社1981年版，第324页。

⑤ 王毓瑚校：《王祯农书农桑通诀集之三·灌溉篇》，北京：农业出版社1981年版，第41页。

⑥ 汪家伦，张芳：《中国农田水利史》，北京：农业出版社1990年版，第357-358页。

⑦ 《宋会要辑要稿·食货六十一》之百二十五。

若高田，视其地势，高水所会归之处，量其所用而凿为陂塘，约十亩田即损二三亩以潴蓄水；春夏之交，雨水时至，高大其堤，深阔其中，俾宽广足以有容；堤之上，疏植桑柘，可以系牛。牛得凉阴而逸性，堤得牛践而坚实，桑得肥水而沃美，旱得决水以灌溉，潦即不致于弥漫而害稼。高田早稻，自科至收，不过五六月，其间旱干不过灌溉四五次，此可力致其常稔也。又田方耕时，大为塍垄，俾牛可牧其上，践踏坚实而无渗漏。若其塍垄地势，高下适等，即并合之，使田丘阔而缓，牛犁易以转侧也①。

陈旉所说的陂塘是为丘陵梯田灌溉而设计的，它的出现为水稻向高处迈进提供了保障。只是这类陂塘若遇天旱水源低下的情况，就不能完全实现自流引灌，必运用水车与之配合方能抗旱②。相较于陂塘，水塘的面积较小，其"因地形坳下，用之潴蓄水潦；或修筑畎，以备灌溉田亩"。王祯称"大凡陆地平田别无溪涧、井泉以溉田亩者，救旱之法，非塘不可"③。在实际运用中，不仅平田，山田灌溉也需水塘补给。明清时期这种水塘被称为塘堰，在山区水利灌溉中功效显著④。在南方山区梯田的立体用水体系中，塘堰是提供水源补给的关键。其通常做法是"先度地势，于田头之上当众流所汇归处，随地宽广，开挖为塘。塘形多上高下低，其下即以塘土筑横堤。堤脚仍布木桥，以防崩卸，中留水窦以备启放，此谓头塘。至田中断，亦有旁山归流处，照前作为腰塘，次第启放，间有开塘得泉，因泉得塘者，大都藉山泽雨溜以为蓄。塘中储水草、菱、荷鱼虾之类，则水活，亦可得利"⑤。

另外，高田的灌溉还需要利用水利机械，古代常用的提水机械有翻车、筒车、戽斗、桔槔等。翻车为最常用灌溉工具，其制式灵活，使用便捷，"起水之法，若岸高三丈有余，可用三车；中间小池，倒水上之，

---

① 万国鼎：《陈旉农书校注》，北京：农业出版社1965年版，第24-25页。

② 李根蟠：《水车起源和发展丛谈（中）》，《中国农史》2011年第4期，第29-31页。

③ 王毓瑚校：《王祯农书农器图谱之十三·灌溉门》，北京：农业出版社1981年版，第324页。

④ 张芳：《明清南方山区的水利发展与农业生产》，《中国农史》1997年第1期，第24-31页。

⑤ （清）吴振棫：《黔语》卷下《塘堰》自戴文年等主编：《西南稀见丛书文献第6卷》，兰州：兰州大学出版社2003年版，第638页。

足救援三丈已上高旱之田。凡临水地段，皆可置用"①。只是，翻车有"多费人力"且灌溉能力有限的弊端，因而在救旱如救火的紧迫情况下，往往需数家相助，车水济田。在农事劳作中，车水是件苦差事，其劳作场面多是农民头顶烈日、脚踏翻车，弓腰驼背奋力地踩踏轮骨，救济之水才缓缓被提入田中。故四川民间才有"宁在阴间作鬼，不在人间车水"的俚语来形容车水的辛苦。除翻车外，筒车亦是山区水利提灌的主力。王祯如此描述筒车的样式与工作原理，称："凡制此车，先视岸之高下，可用轮之大小；须要轮高于岸，筒贮于槽，乃为得法。其车之所在，自上流排作石仓，斜辟水势，激凑筒转，其轮就轴作谷，轴之两傍阁于椿柱山口之内。轮辐之间除受水板外，又作木圈缚绕轮上，就系竹筒或木筒于轮之一周；水激轮转，众筒兜水，次第下倾于岸上所横木槽，谓之'天池'，以灌田稻"②。宋代筒车在南方地区已经开始广泛出现③；到清代，在水利灌溉中筒车的应用进入全盛时期④。以四川为例，筒车成为山区水利灌溉的主要技术手段，并呈现出制式大、规模化使用的特点⑤，其制作多以"圆木为心，中以竹穿成形如簸箕，边用篾笆为齿档入水，水流车转周围绑竹筒注水，车转筒升，高处筒水自吐出，用木枧承接入沟，引水灌高田或二三丈或六七丈"⑥。与人力翻车相比，筒车最大的优点在于其动力源自流水冲击，无需人力转动，人称其有"陂塘不能及，桔槔亦非便"⑦的优势。其余提灌方式，如井灌、戽斗、桔槔的灌溉能力虽弗如筒车，但也能救一时之急。

山区水利灌溉的第三种方式便是引水。山区多引泉灌溉，距泉源近处可开挖沟渠；距离较远者就需要制作简易的引水器具。常用作引泉的水利工具是连筒与水槽。对于这两种工具的制作与使用方法，《王祯农书》记：

---

① 王毓瑚校：《王祯农书农器图谱之十三·灌溉门》，北京：农业出版社1981年版，第326页。

② 王毓瑚校：《王祯农书农器图谱之十三·灌溉门》，北京：农业出版社1981年版，第327页。

③ 李根蟠：《水车起源和发展丛谈（下）》，《中国农史》2012年第1期，第4-10页。

④ 王昭若：《清代的水车灌溉》，《农业考古》1983年第1期，第152-158页。

⑤ 陈桂权：《清代以降四川水车灌溉述论》，《古今农业》2013年第3期，第68页。

⑥ 嘉庆《邛州直隶州志》卷二十三《水利》。

⑦ （南宋）陈普《水车》诗，参见傅璇琮、倪其心，许逸民等主编：《全宋诗（第69册）》，北京：北京大学出版社1998年版，第43 735页。

　　连筒、以竹通水也。凡所居相离水泉颇远，不便汲用，乃取大竹，内通其节，令本末相续，连延不断；阁之平地，或架越涧谷，引水而至。

　　架槽、木架水槽也。间有聚落，去水既远，各家共力造木为槽，递相嵌接，不限高下，引水而至。如泉源颇高，水性趋下，则易引也。或在洼下，则当车水上槽，亦可远达。若遇高阜，不免避碍，或穿凿而通；若遇坳险，则置之叉木，架空而过；若遇平地，则引渠相接。又左右可移，邻近之家，足可借用。非灌溉多便，抑可潴蓄为用①。

　　上述两种引水方式为农民的生活与生产用水提供了便捷，引灌溪、泉水也成为山区农业用水的重要来源。时至明代，在徐光启总结的"用水五术"中的"用水之源"便是指导人们如何利用泉水进行灌溉。那些位于"高山平原"地区且"与水违行，泽所不至，开浚无施其力"的农田，只有通过"潴水"的办法，即修筑"池塘、水库，受雨雪之水"②来解决灌溉问题。

　　山区水利建设的最大特点在于规模的中小型化、形式的多样化，列举上述三类水利开发的主要形式，我们可以发现其各具优劣，如提灌水车虽能实现低处的水提灌高处的田，但是靠近溪、涧、塘、池有水可提是其发挥作用的前提；陂塘蓄水同样需要有水可蓄，而开凿陂塘需要损耗一些土地；另外，自流引灌也只能引高水灌低田。在农业实践中，这三种方式的配合应用虽能满足大多数田地的用水需求，但还有一部分田，它们因地理条件的限制，既无法引用山泉，也不便开挖塘堰，更不能利用水车提灌③。但在人地关系高度紧张与农民对稻米的孜孜追求的前提下，此类田也要种植水稻。冬水田技术正是为解决此类田的种稻需求而出现的。

---

① 王毓瑚校：《王祯农书农器图谱之十三·灌溉门》，北京：农业出版社 1981 年版，第 333-334 页。
② （明）徐光启撰，石声汉点校：《农政全书》，上海：上海古籍出版社 2011 年版，第 330-334 页。
③ 通常情况下这类田多位于梯田顶部，其土地面积狭小无法开挖塘堰；但是，在平坝地区这类田存在，主要是因为人为原因造成，如水利不兴，农民又不愿意牺牲土地开挖塘堰等。

第三节　起源新探：技术演化的路径分析

在以往讨论冬水田起源的大多数研究中，学者们把关注的焦点放在冬水田出现的具体年代的考证上。囿于资料的限制与相关记载的模糊性，要为此下一确凿的定论，至今仍难完成。冬水田技术的核心是"潴水"，只不过其蓄水的地点是在田中，它具有将"田"与"堰"合二为一的特点。从技术源头分析，塘堰无疑与冬水田有众多相似之处，但截至明末农学家在论述塘堰的修筑时，谈及最多的也是其成本问题，却并未提出将塘堰直接搬到田中的主张①。既然冬水田的本质是"堰在田中"，那么本节的分析思路就是要阐明在历史实践中农民是如何将"塘堰"与"田"相结合，进而发明冬水田这一新的水利形式的过程②。

在溯源冬水田技术前，有必要先对其技术要点做一简述。四川的冬水田是指为确保来年按时栽秧而进行冬季蓄水的冬闲田。从其分布地点看可分三类：第一类冬水田位于沟谷低处或梯田底部，土黏泥厚、蓄水较易；第二类是位于丘陵两侧、地高傍山的梯田；第三类位于丘陵高处或低丘顶部，土壤带沙，水源极坏，蓄水极难，常赖当时天雨及人力灌溉而植稻的山田③，也被称为"望天田"。全川各稻区就冬水田数量而言，以川南丘陵稻区最多，川东、川中稻区次之，其余各地亦有零星分布④。冬水田技术的关键是蓄水，其通常于水稻收割后即整地耙田、修筑田埂、利用秋季多雨期蓄水，蓄水期间定期看护、杜绝渗漏；蓄水时也可沤入稻草、树叶等植物以增进地力。冬水田的水源大致有三：其一，秋冬时引堰水、泉水蓄之；其二，就地蓄积雨水及地表径流；其三，利用秋天稻田中之余水⑤，此法主要针对梯田。部分地区梯田"刈稻时，先

---

① （明）徐光启撰，石声汉点校：《农政全书》，上海：上海古籍出版社 2011 年版，第 330-334 页。

② 新技术的出现往往不是一蹴而就，在它正式出现之前其相应的技术要素多已具备，在未有确凿的证据之前冬水田到底出现何时，似难定论。但若从技术构成角度对冬水田的技术原理进行梳理，或许对我们理解冬水田出现的原因会有所启发。

③ 杨守仁：《改善四川冬水田利用与提倡早晚间作稻制》，《农报》1941 年第 22-24 期第 14 页。

④ 中国水稻研究所：《中国水稻种植区划》之《四川水稻种植区划》，杭州：浙江科学技术出版社 1989 年版，第 93 页。

⑤ 张芳：《清代四川的冬水田》，《古今农业》1997 年第 1 期，第 25 页。

收低田，收毕、耕翻，将上田之水放下盈田，每隔三四垧照前陆续放注"①，这样便可预留些水量，再借秋、春季降水便可保证栽插用水。梯田是四川冬水田的主要分布区，故学者们才认为其起源与梯田有内在联系。若认定"冬水田的出现与梯田的发展有密切的关系"，那么考察梯田的用水来源，对探源冬水田是必要的。

我国的"梯田"一词最早出自宋人范成大的记载，他曾在袁州见到这样的农业景观："岭阪上皆禾田，层层而上至顶，名梯田"②。只可惜他并未说明该梯田的水源从何而来。在范成大之前，叶廷珪《海录碎事》中记载四川一些地方"农人于山陇起伏间为防，潴雨而水，用植粳糯稻，谓之嶒田，俗名雷鸣田，盖言待雷而后有水也"③。此嶒田也是梯田④。"山陇起伏间为防，潴雨而水"中的"为防"二字是指修筑田塍拦蓄雨水。《周礼·稻人》便称："稻人掌下地，以潴蓄水，以防止水"。虽然"嶒田"亦蓄积雨水，但其并不似冬水田般未雨绸缪地蓄水，而是任凭天然降水，所以它又被称作"雷鸣田"。宋代四川地区除果州、戎州外，位于成都平原的益州也有雷鸣田的踪迹。据《成都文类》称："益部十县⑤多引江水溉田，咸为沃壤，惟灵池疏决不到，须天雨，俗谓之雷鸣田"⑥。清人张允随对云南"雷鸣田"的描述更为贴切，其称"耕以雨，栽以雨，苗而秀且实，亦以雨。盖不徒恃地，而尤恃天也。雨偶愆，可若何？则曰无如何也"⑦。可见，耕种雷鸣田的农民完全处于"靠天吃饭"的被动状态。所以有些地方也称其为"靠天田""承天田"⑧。这与冬水田为保来年水稻及时栽插而提前蓄水的理念并不相同。故宋代四川出现的"嶒

---

① 乾隆《什邡县志》卷十三《水利》。

② （宋）范成大：《骖鸾录》。

③ （宋）叶廷珪：《海录碎事》卷十七。

④ 梁家勉：《中国梯田考》自倪根金主编：《梁家勉农史文集》，北京：中国农业出版社 2002 年版，第 220 页。梁家勉先生通过对"嶒"字意的考证，认为嶒田的命名意义跟梯田一样，同指梯层式的田，其显然当就是梯田。

⑤ （宋）乐史：《太平寰宇记》卷七十二《剑南西道一》："益州领十县：成都、华阳、郫县、新都、温江、新繁、双流、犀浦、广都、灵池。"

⑥ （明）曹学佺：《蜀中广记》卷八。

⑦ （清）张允随：《福山泉碑记》自雍正《云南通志》卷二十九之八《艺文志·记》。

⑧ 相比之下，冬水田通过提前蓄水便可降低对降水的依耐性。从这方面看，冬水田的出现可弥雷鸣田的先天不足。夏亨廉、肖克之主编：《中国农史辞典》，北京：中国商业出版社 1994 年版，第 383 页中将雷鸣田与冬水田的概念完全混淆。

田"与冬水田尚有一段距离①。宋代，高处梯田解决灌溉问题的办法通常为修筑陂塘或引用泉水②。《陈旉农书》提出"约十亩田即损二三亩以潴畜水"的凿塘标准。浙江安吉县的梯田"储蓄灌溉，全藉陂堰"③。福建地区，梯田众多，多兹泉水灌溉。方勺《泊宅编》记："七闽……垦山垅为田，层起如阶级然。每援引溪谷水以灌溉……朱行中知泉州，有'水无涓滴不为用，山到崔嵬尽力耕'"④。周去非《岭外代答》中描述"惰农"选择田地的标准也是"水泉冬夏常注之地"⑤。《淳熙·三山志》亦称："闽山多于田，人率危耕侧种，塍级满山，宛若缪篆。而山泉自来，迂绝崖谷。轮吸筒游，忽至其所"⑥。元代《王祯农书》中谈到梯田的种植结构是"上有水源，则可种秔秫；如止陆种，亦宜粟麦。盖田尽而地，地尽而山"⑦。所以，此时种水稻的梯田多还是要有固定的水源，而那些无水源保障的梯田多为旱作。

不过，南宋时在地势平衍、水源充足的吴淞江流域为保地力而出现的"冬沤田"却有了冬水田的影子。是时，冬沤田的出现有着很偶然的因素。沤田最初多存在于江淮间的圩田中。圩田滨临河湖，时有被水淹的情况，能否排干圩内积水直接关系到圩田中能否种稻。关于吴中圩田排水与种稻的问题，范仲淹认为"吴中之田非水不殖，减之使浅，则可播种，非必决而涸之，然后为功也"⑧。这是他据当地实际情况想出的变通之法。圩田中那些被水淹没无法种植的田，被称为"废田"。

---

① 张芳先生在《清代四川的冬水田》（《古今农业》1997年第1期，第21页）中认为，南宋四川的一部分山丘地已完成了由坡土改为梯土，由梯土改为梯田的过程，再由梯田进一步发展为冬水田则时间距离已经很短了；她还认为《陈旉农书》中所述"冬耕加泡田"也很可能流传到四川地区，故不能排除南宋时四川山丘区已有冬水田的出现。本书认为这一推断虽较谨慎，但亦不可靠，在下文中将对此讨论。

② 当然在距江河水源不远，具有提灌条件的地方，利用水车等提水工具灌溉也是方式之一，因本书重点论述冬水田之技术成因，故不讨论此部分内容。

③ （宋）谈钥纂修：《嘉泰吴兴志》卷19《渡堰》自《中国地方志丛刊华中地方第557号》，台北：成文出版社有限公司影印，第6898页。

④ （宋）方勺：《泊宅编》中卷。

⑤ （宋）周去非：《岭外代答》卷三《国外门》。

⑥ （宋）梁家克：《淳熙三山志》卷十五《水利》，文渊阁四库全书本。

⑦ 王毓瑚校：《王祯农书农器图谱之一·田制门》，北京：农业出版社1981年版，第191页。

⑧ （宋）范仲淹：《范文正集》卷九，四库全书集部二十八别集类，上海：上海古籍出版社1987年版。

圩田被水淹不但可减免赋税，还能享受赈济。于是，投机者便在水稻收割后挖开围岸放水入田，捏造圩田遭受水灾假象，以图逃避赋税。这样水稻收割后许多圩田便积起水来①。当然，这是有意为之。另外，非人力可控的田中积水一直是制约圩田种植的一大难题②。不过，圩田被水淹后也是祸福相倚的。水去之后沉积下肥沃的淤泥，改善了土壤的结构，增进了地力。古人对此早有清楚的认识，如西晋名臣杜预在其关于荒政的奏议中便说过："水去之后，填淤之田，亩收数钟，至春大种五谷，五谷必丰，此又明年益也"③。杜预所称被水农田次年种粮必丰，仅是水灾所带来的次生好处。南宋时，人们已充分认识到冬季引水泡田对恢复地力的作用。在南方水田农业发达的吴淞地区，由于休耕已经取消，为了恢复地力，冬季反而开始灌水冬沤④。《陈旉农书》记："平陂易野，平耕而深浸，即草不生，而水亦肥矣。俚语有之曰：'春浊不如冬清'"⑤，说的便是冬沤。在成书稍晚的《种艺必用》中对冬沤的地理分布有更具体的说明："浙中田，遇冬有水在田，至春至大熟。谚云：'过冬水'，广人谓之'寒水'，楚人谓之'泉田'"⑥。此时冬沤在南方稻区已不鲜见。田经冬沤既可恢复地力，又能杀死田中虫卵，预防虫害，同时亦能改善土壤结构⑦。明末徐光启《农政全书》对"冬沤"

---

① 南宋时江南地区农民为逃避田赋，常于禾稻收割之后，放水入田，称这类田为废田，以达其免交赋税的目的。而对于农民此种偷税漏税行为，政府则鼓励民间相互告发，一经查实，谎称的"废田"不但要补税还会被没收，并给予告者。参见《宋会要辑稿》食货一之十二至十三，北京：中华书局 1957 年影印本，第121 册，第4807 页；食货六之三八，北京：中华书局 1957 年影印本，第 122册，第4898 页。当然，浙民的这种行为与冬沤及冬水田还是本质的不同。

② （明）林应训：《修筑河圩以备旱潦农务事文移》称"吴中之田虽有荒熟贵贱之不同，大都低乡病涝，高乡病旱，不出二病而已。病涝者，则以修筑圩岸为急。……病旱者，则以开浚沟洫为急。"参见徐光启：《农政全书》卷十四《水利·东南水利中》，上海：上海古籍出版社 2011 年版，第 283 页；（清）陆世仪《思辨录辑要》卷十一《修齐类》也称："江南水田，田中冬夏常积水，不便开沟分畖。"可见吴中地处水田中常年积水之普遍。

③ （明）黄淮，杨士奇编：《历代名臣奏议》卷二百四十三《荒政》，上海：上海古籍出版社 1989 版，第 3191 页。

④ 王建革：《宋元吴淞江流域的稻作生态与水稻土形成》，《中国历史地理论丛》2011 年第 2 期，第 9 页。

⑤ （宋）陈旉：《陈旉农书·耕耨之宜篇第三》。

⑥ （宋）吴怿撰，胡道静校注：《种艺必用》，北京：农业出版社 1963 年版，第 17 页。

⑦ 曾雄生：《析宋代"稻米二熟"说》，《历史研究》2005 年第 1 期，第 97 页。

的功用讲得最明白：

> 凡高仰田，可棉可稻者，种棉二年，翻稻一年，即草根溃烂，土气肥厚，虫螟不生冬不得过三年，过则生虫。三年而无力种稻者，收棉后，周田作岸、积水过冬；入春冻解，放水候干，耕锄如法，可种棉。虫亦不生①。

经过冬沤的田，无论来年种稻或棉，入春后均要"放水候干"②。之所以要"放水候干"，是为便于翻耕以适当提高土壤温度。③ 明代，通过沤田增进土壤肥力的方式，在江淮等南方地区更加普遍。天顺元年（1457），江西临川名士吴与弼在日记中称："看沤田晚归，大雨……"④据吴与弼日记的时间推断，临川沤田至少持续到翌年3~4月水稻栽插之前。天启时，江苏六合县也多一年一熟的沤田⑤。最直接论述沤田好处的是清人俞扬。他在《泰州旧事撶拾》中对两熟田与一熟沤田产量进行了比较，得出的结果是"两熟田每亩可得稻四担，好沤田有收五担者"⑥。冬沤田对于增进地力、提高亩产的作用可见一斑。这在南方农谚中也有生动的描述，如湖北"肥田不如久泡""要得早稻盛，须留腊水田"；福建"犁冬田，灌冬水""年年浸冬土变深，年年晒冬土变浅"；广东"浸了冬，楼棚满咚咚；失了冬，楼棚半边空"。冬沤田的出现虽然也是人们有意的蓄水行为。不过，其与冬水田仍有所区别：其一，从目的看，冬

---

① （明）徐光启：《农政全书》卷三十五《蚕桑广类》。
② 清代，奚诚对冬沤也有详细地说明："凡种两熟者，冬天犁地深二尺，戽水平田听其水冻，至春泄水，田土略燥，再转一次随分陇、畖，土经过水则高不坚垎，卑不淤滞，鉏易松细，且解爵蒸之厉气而害稼诸虫及子尽皆冻死也。"参见奚诚《耕心农话》，《续修四库全书·子部·农家类》（1852年），上海：上海古籍出版社影印第976册，第662页。
③ 陈旉说："山川原隰多寒，经冬深耕，放水干涸，雪霜冻冱，土壤苏碎；当始春，又徧布朽薙腐草败叶以烧治之，则土暖而苗易发作，寒泉虽冽，不能害也"。参见《陈旉农书·耕耨之宜篇第三》，北京：农业出版社1965年版，第27页。
④ （明）吴与弼：《康斋集》卷十一《日录》。
⑤ 江苏省六合县志编纂委员会编：《六合县志》，北京：中华书局1991年版，第136页。
⑥ （清）俞扬：《泰州旧事撶拾》卷四《民情》续修四库全书之《史部·地理类》。泰州位于江苏省中部。

沤田主要为恢复地力，冬水田主要为蓄水保栽插①；其二，从技术操作看，冬沤田沤期一般为当年 8 月底至次年 4 月底，中间未脱水（淹水牛耕）。灌水深度保持 15 厘米左右，灌水原则是："冬不蒙头，春不露脊"，期间绝不可断水②。冬水田一般收获之后即修筑田坎，储蓄水源，其蓄水要求"高培田塍，一亩蓄二亩之水"，若蓄水渗漏干涸，来年春天及时补蓄；其三，从分布的地理环境看，冬沤田多是那些处于平原水源有保证的田，冬水田是无稳定灌溉水源的田，一般多位于夹沟、谷地或丘陵、山坡高处。不过，二者在改善土壤结构、防止杂草生长③、恢复地力等方面也有共同之处。

明代以前，高地灌溉的办法主要是修筑陂塘或其他引水方式。在《王祯农书》与《农政全书》的水利灌溉部分中列举了当时存在的各种灌溉方式④，虽说并不能涵盖所有，但至少可以说明此时"冬水田"尚未出现或并不普及⑤。从类型学上看，最接近冬水田的是宋代出现于南方稻作区的冬沤田，其目的虽非为保证来年用水，但冬沤田无疑是冬水田技术源头之一；而冬水田也兼具冬沤田的优点。若排开它们分布的地理环境与主观目的的不同，冬水田与冬沤田之间也可以划等号⑥。所以，我认为四川冬水田的技术源头，可追溯至南宋时出现于南方稻作区的冬沤田；冬水田是在冬沤田的基础之上结合塘堰技术，将以往损田蓄水的方式变成田中蓄水，它的形成与气候、地理环境及水稻的种植需求等因素有密

---

① 在四川人民对冬水田功用的认知中，蓄水防旱，保栽插是其主要目的，而恢复地力、防止虫害、改善土壤结构等好处是稻田蓄水后带来的附加效益。参见屠启澍《冬水田推广冬作绿肥之讨论》，《农田推广通讯》1945 年第 7 卷第 10 期，第 39 页。

② 李立仁：《荒湖区连年冬灌沤田研究初报》，《安徽农业科学》1964 年第 6 期，第 25 页。

③ 据我调查所知，如今四川某地的农民留蓄冬水田主要是为了防止杂草生长以降低来年治田的难度。

④ 王毓瑚校：《王祯农书农器图谱之十三·灌溉门》，北京：农业出版社 1981 年版，第 231-245 页。徐光启撰，石汉声点校：《农政全书上》卷十六之"用水五术"，上海：上海古籍出版社 2011 年版，第 330-335 页。

⑤ 徐光启在《开垦疏》中谈到："若平原漫衍，无径涂沟洫，望幸天雨，水旱无备者，谓之不成田，不准作数"此也可做当时无"冬水田"之一例证。参见《农政全书上》卷九《农事·开垦下》，上海：上海古籍出版社 2011 年版，第 176 页。

⑥ 在今天的著作中，已有将二者等同的例证。参见梁金城、高尔明主编《栽培与耕作（上册）》，郑州：中原农民出版社 1993 版，第 154 页；辽宁省熊岳农业学校编：《土壤与耕作》，北京：农业出版社 1985 版，第 194 页。

切的关系。

首先，冬水田的技术雏形是冬沤田。在冬沤技术出现之前，稻田收割后若不种冬作，通常有两种处理方式：一是尽放田水，翻耕后冬季晒垡；一是放任自流不加管理。自宋代冬沤技术出现后，又多了一种"蓄水沤冬"的处理方式。沤田时先要翻耕、再培修田埂、蓄水，其间为增加肥料可沤如稻草、树叶等植物充作绿肥。这与后来四川冬水田的操作程序如出一辙①。可以说，冬沤田与冬水田具有相同的技术要素。它们的关键区别仅在于次年春天整田、栽插前，冬沤田要将田水放干，冬水田则不然。若冬沤田不放干田水，便是冬水田了。而决定栽秧前是否放水的关键在于各地水源充足与否。以安徽、江西、湖南等为主的长江中下游沤田区，年降水分布较均匀，且春季降水较多，其栽秧前水源常有保证，故并不担心无水栽秧的情况出现；而川云贵等地的降水多集中于夏秋时节，冬春少雨，春旱时有发生，故对于那些无固定水源的稻田来说，积蓄冬水是保证翌年按时栽插的必要手段。所以，在春季降水充足的长江中下游地区，冬季积水沤田的主要目的是沤肥、杀虫、增加地力；当冬沤田传入易发春旱的四川等地时，其主要功能便转换成了蓄水保栽插。另外，最早在四川推广冬水田的官员代表张文藻是浙江萧山人，沈潜是浙江秀水人，阚昌言乃湖北麻城人。此三人的故乡均是沤田出现较早的地区之一，所以他们都熟知冬田蓄水的方式。尤其是阚昌言，在《农事说》序言中他自称"生长田间幼习农业"深知农事，故将家乡的农业技术"为民言之"②。冬水田技术正是他在《农事说》中所大力推广的技术之一。所以，我认为冬水田是冬沤田在四川的变式，只不过清初在四川大规模地兴修农田水利的背景下，为恢复土壤肥力，而将蓄水的冬沤田变成了为保证禾苗栽插用水的冬水田。这再次体现了应用环境的变化，导致技术主要功用也随之改变的道理。

其次，冬水田弥补了塘堰的缺陷。冬水田是为解决山区种稻缺水的问题出现的。以往解决这一问题的普遍方法是选择需水较少的早稻与开挖蓄水塘堰③。只是塘堰的修筑受地形条件的限制较大，且开凿要以损田为代价。所以，古人对于开塘堰的土地成本是有所计较的。南宋《陈旉

---

① 白夜：《冬水田》，《人民日报》，1962年12月17日。

② （清）阚昌言：《农事说》见同治《直隶绵州志》卷十《水利》。

③ 游修龄，曾雄生：《中国稻作文化史》，上海：上海人民出版社2010年版，第286页。

农书·地势之宜篇》明确地提出凿塘的适合地点及"约十亩田即损二三亩"① 的开凿成本。后来元代的梁寅提出 10% 的损田比例，他说"畎亩之间，若十亩而废一亩以为池，则九亩可以无灾患"②。明代的俞汝为又提出 20% 的潴水面积"才可救五十日不雨"③。不难看出，开凿塘堰蓄水工程占用土地是在所难免的。因而，当人地关系紧张时，人们对于是否要以牺牲土地面积为代价来开凿蓄水设施，也是要权衡利弊的。清同治时，湖南《临武县志》记："欲益一塘，必损一田，益一塘之费且必损一田之价，得不偿失"④。临武县的情况亦表明在人地关系紧张的情况下，农民不太愿意选择凿塘堰蓄水这种成本较大的水利技术。除损田之外，开凿塘堰费工甚多，也令一些农民不愿凿塘。道光时，四川乐至县令裴显忠主张以"五十亩开塘二，百亩开塘四五"的办法，来解决高地无水灌溉的问题，但是乐至农民却"尽塘莳秧，无肯舍数亩之塘以实水，复不肯垫资、费工力以掘塘心、作塘底"⑤。同治时任江西广信府知府康基渊，也记述了当地农民因开塘堰"有以少亩数之获，多任务力之费"⑥的缺点，而不愿为之的情况。冬水田的出现正好可弥补塘堰的这一缺陷，降低种田成本。另外，那些受地形所限"不能作池"的梯田⑦，与那些受水源限制"为塘堰则水不足"⑧ 的稻田，均可用蓄冬水的方式来解决用水问题。故从蓄水的意义而言，冬水田也是一种储水田中的浅塘堰。尤其是那些"高作田塍埂，一亩田满蓄二三亩田之水"的囤水田，其功能堪比塘堰。

最后，外部环境催生了冬水田技术的兴起。考诸文献，有关冬水田的记载主要见于清代。除开文献记载缺失的因素，此虽不能证明冬水田起源于清代，但亦能表明清代是冬水田大规模发展的时期。这与清前期、

① 《陈旉农书·地势之宜篇》："若高田，视其地势，高水所会归之处，量其所用而凿为陂塘，约十亩田即损二三亩以潴蓄水；春夏之交，雨水时至，高大其堤，深阔其中，俾宽广足以有容。"
② （明）徐献忠：《山乡水利议》见《农政全书》卷十六。
③ （明）徐献忠：《山乡水利议》见《农政全书》卷十六。
④ 同治《临武县志》卷九《水利》。
⑤ 裴显忠的《水利说》见四川省水利电力厅主编：《四川历代水利名著汇释》，成都：四川科技出版社 1989 版，第 421 页。
⑥ （清）康基渊：《劝民厚培田塍深浚池塘说》见同治《广信府志》卷 2《建制·陂塘》。广信府为今江西上饶市。
⑦ 道光《三省边防备览》卷八《民食》。
⑧ 道光《中江县新志》卷二《水利》。

中期重视农田水利建设有直接的关系。就四川而言，历经明清更迭之际的数次战火，四川社会残破、民生凋敝，水利废弛。自顺治十七年（1660）佟凤彩整饬水利起，四川的农田水利事业拉开大幕。之后在"经济恢复""移民入川"的背景下，四川的农田水利建设以"全方位、多元化"的方针全面开展①。农田水利建设形式的多样化为冬水田的出现与推广提供了客观条件，其以独有的便捷性与低成本性逐渐成为川中广大丘陵山地区农民种稻的主要用水途径。

总之，传统的冬沤技术为冬水田的出现，提供了较成熟的技术保障；清代四川山区的水稻种植，又为冬水田的兴起提供了客观需求。在技术成熟与环境需求的共同作用下，冬水田技术在四川迅速扩展，并成为山区种植水稻的主要用水保证。因此我认为冬水田技术是南宋时，出现于江南地区的"沤田"技术在清代传入四川之后的变式，其正式出现的年代当在清代初年。那些将"冬沤田"等同于"冬水田"的看法只看到二者间的联系，却未抓住其根本区别。相较于单一从年代学上来讨论冬水田的起源，结合山区经济开发的历史进程，探索这一问题显得更有意义。

小　结

冬水田的出现适应了南方山区开发纵深化的进程，它的出现既是山地农业发展的反映，又是稻作向高处进发的基础。通过对冬沤田与冬水田的比较，我发现二者在技术原理上有高度相似之处，再结合清代四川的移民活动，我推测冬水田技术是沤田技术传入四川的一种变式。在古代区域间的农业技术传播与交流中，官员、移民均发挥着重要作用。

---

① 陈桂权：《清代川北地区的农田水利建设研究》，北京师范大学 2012 年硕士学位论文，第 13 页。

第三章

水旱之间：冬水田的发展与演变

四川冬水田自 18 世纪前期兴起至今，其发展大致历经了：18 世纪至 20 世纪 30 年代的推广、兴盛，20 世纪 30—40 年代的局部改造，50 年代以来的波动起伏及全面改造三个阶段。冬水田在每一阶段的变化与官方政策的主导密切相关，尤其是 20 世纪 30 年代以来对冬水田的改造实践都经由学者倡导、官方支持而实行。至于民间百姓对冬水田的态度，则表现得更为务实些。本章将以上述三个时段为主要节点，全面总结各个时期四川冬水田的发展状况，以勾勒出其变迁的历史脉络。

第一节　兴起与定型：18—20 世纪初期 四川冬水田的发展

18 世纪前期，冬水田在四川地区的大规模出现与当时政府恢复社会经济、鼓励农业发展的大背景紧密相关。在冬水田技术的普及过程中，外省宦蜀的官员与"湖广填四川"的移民成为主要的推动者与传播者。分述如下。

雍正九年（1731），时任成都知县的张文藻，为贯彻政府重农的工作方针，在辑录前人农学著作的基础上，撰成《农书》一文，全文只有 9 个条目，共 2 000 余字。在《农书》第八"水利"条中，张氏论及兴水利的方式时，除谈到要多开塘堰、广浚沟渠、制造器具等外，还主张"秋冬，田水不可轻放，尤为要著矣。每见农家当收获之时，将田水尽行放干，及至春夏雨泽稀少，便束手无策，则何不坚筑塍堤，使冬水满贮，不论来年有雨无雨，俱可恃以无恐哉"①。此段话是目前关于四川"冬水田"的最早记载。张文萪，祖籍浙江萧山，康熙五十三年（1714）举人，从其编撰的《农书》内容以及其籍贯判断，其应十分熟悉水利。继张文萪之后，乾隆七年（1742），位于成都平原北部的罗江县时任知县沈潜（浙江萧山人），也积极劝农并提倡冬水田，他在对张氏《农书》之"水利"条所作按语中这样说道："凡山田无源水者，蓄冬水最要"②。在沈潜的大力倡导下，罗江的水田面积得到扩大，水利不兴之地也种上水稻，"罗民收获倍多"。因此，沈潜去世后罗江人民感念其所做的贡献，立祠以纪之。③ 这算是古代百姓对勤政务实，为民谋福利的官员的最高褒奖。继沈潜之后，乾隆十年（1745）另一位勤勉务实的官员——阚昌言，接任成为罗江知县。阚昌言，湖北麻城人，雍正八年（1730）进士，知罗江县前，已于乾隆五年（1740）先任德阳知县。任职德阳期间，阚昌言十分重视当地水利事业的发展。在考察德阳县的具体情况后，他专作《蓄水说》一文，对德阳如何发展水利事业提出了自己的看法。也正是在这篇文章中，阚昌言对怎样推行冬水田做了最为详尽的阐释。其云：

> 劝民于秋成之后，各计量己之田亩，某某田与堰渠相近，并蓄冬水；某某田留为艺麦之田，即合同沟共堰之人，整治堰渠，照依各应得水分、应灌放日期，拨水归田，预为浸满。高培田塍埂，必一亩田而高蓄二三亩之水，及至来春庶可及时栽莳，可均水偏种而不被虫蛀，何乐如之。况逐户蓄水则田路泥泞，鼠窃亦难行，易获④。

阚昌言的上述文字要表达这样三层意思：其一，秋收后选作冬水田的标准应是"与堰渠相近"之田，而他处之田便可用于种麦，以保证土地的复种指数；其二，冬水田蓄水的标准是"一亩蓄二三亩之水"。这样

---

① 乾隆《罗江县志》卷四《水利》。有学者据《农书》为张文萪辑录为据，认为这段文字也是张摘录的前人著作。我认为若仔细分析此段文字的语境与语气，其更似张在了解成都水稻种植的实际情况后由其本人所说。只不过其蓄水办法有可能是据其家乡经验而来。

② 乾隆《罗江县志》卷四《水利》。

③ 乾隆《罗江县志》卷四《水利》。

④ 同治《直隶绵州志》卷十《水利》。

的蓄水标准虽不如《陈旉农书》中所提到"约十亩田即损二三亩以潴畜水"①的陂塘灌溉能力，但与陂塘"损田蓄水"的缺陷相比，冬水田的成本投入较小；其三，大面积蓄水也有助于防虫、鼠害稼。此处，阚昌言所推行的冬水田的主要水源还是依靠渠堰引水，这与后来四川那些完全靠天然降水的冬水田还是有所区别的。既有堰渠灌溉，为何还要推行冬水田呢？其实，阚昌言在《蓄水说》中也将其力倡冬水田的初衷道明。他说："余令德阳二载，巡行阡陌时，访水泉原隰之利，察高低种莳之方。大抵民于秋收，自谓既收获矣，既不蓄水任水潀流大河，又多游行酣饮。至次年开春，度灯节后，始理田务、治堰渠。迨至沟堰筑，而水之泄入大河者已多矣。待到播种需水时节，德阳农民因"水不敷用溉，种时难徧，相起而争夺者无日无之"。因而，阚昌言认为："与其争水于水泄大河之后，何如爱惜水泉于未泄大河之先；与其争之无补于田亩，何如预备于事先，工不劳而收倍之"。这样看来，阚昌言主要是出于"多蓄水源、有备无患"的目的倡导冬水田。为纠正德阳农民不预先浚渠、蓄水以备来年栽插的"惰农"习性，阚昌言专门制定了两套整改方案：一曰"预浸冬田蓄水"，一曰"密作板闸停水"，并称"此二法俱有益于民，并可消除争斗、弭盗贼，而吾民渐可富裕也"②。为保证二法的贯彻执行，阚昌言还"俟公余之时，出郊查访，拘惰民责儆之"。此外，在《蓄水说》的结尾部分，阚昌言再一次结合德阳县水利的实际情况，说明了推行冬水田的好处："德阳之地，多是地中出泉水，水多冷冽，又多重峦密雾，恒雨恒阴。若预蓄水于田，令水多沾土气、阳和、暴照则寒气消除，更及时栽插，而插秧之后用泉者不深蓄水，又何有虫蛀之患哉？"如何克服泉水冷冽对作物的损害，古代各地人民都有自己独特的方式，如江南多用火粪，"亦有用石灰为粪治，则土暖而苗易发"；福建、广东地区则"用骨及蚌蛤灰粪田"，若"为山田者，宜委曲导水，使先经日色，然后入田，则苗不坏"③。蓄冬水对提高德阳地区泉堰所引之水的温度，防止冻伤禾稼无疑是有好处的。即使阚昌言这般苦口婆心地劝说，冬水田在德阳推广之初也并非呈现一呼百应的局面，连他自己也说："奈小民遵行者多，而玩愒而不遵者亦不少"，并发出"本县于农务知之甚详，吾民听之每忽"的喟叹！任何一项新技术的应用必有个适应过程，只要技术本身符合时代及环境的需求，其最终必能普及。冬水田技术在

① 《陈旉农书·地势之宜篇》。
② 同治《直隶绵州志》卷十《水利》。
③ （明）徐光启：《农政全书》卷之七，上海：上海古籍出版社 2011 年版，第 139 页。

四川的推广也同样如此。在阚昌言的大力提倡之下，冬水田技术的火苗在德阳地区渐成燎原之势，到嘉庆时，该县"时至秋收后，又锄旧塍，加以椎击增高，然后涂附，潴水其中谓之蓄冬水"①，蓄冬水已成当地农事结构中的必要环节。而道光《德阳县志》更赞冬水田"以秋水之余满浸稻田，历冬及春，盈而不涸，及栽插稻苗，抱彼注兹，无不沾足"②。为感谢阚昌言对德阳水利事业的贡献，当地绅士周礼作《答阚德阳》诗③颂其功德，其云：

> 不漾河阳种满花，春风此地遍桑麻。
> 鲤泉分派清千里，秦镜高悬照靡涯。
> 劝世有歌垂教化，良田蓄水颂声赊。
> 果然仙吏从名望，复见旌阳旧许家。

诗中"良田蓄水颂声赊"一句，道出了冬水田推广之后给德阳人民带来的好处。因而，人们对阚昌言的崇敬之情上升到神化的高度，将其比作曾经的德阳县令许逊④。

阚昌言莅任罗江县知县后，继续大力劝农、推广冬水田。他在罗江普及冬水田时，采取了更为朴实的方式，即将冬水田技术的要诀及优势精炼地总结为"劝民预蓄冬水，明春栽插更易，高培田埂，停潴一亩，傍灌三亩，早禾多收无虫，此言千金不易"⑤ 这样的俚语刊刻散发乡里，以便乡民更充分理解其意图。此外，他还撰写了另一篇更为系统的农业著作《农事说》，从农业"三才观"即"因天之时，尽地之力，尽人之力"三个方面总结出了在当地发展农业的"良法要诀"。在《农事说》的结尾部分，阚昌言再次详细地论及如何蓄积冬水：

> 秋冬月，即修堰蓄水才得水不缺少。凡秋收之时，量先刈谷之田，即将后刈谷田之水放与先刈谷田内。有堰者急修堰渠，备注田中，高作田塍埂，必一亩田满蓄二三亩田之水，来春傍灌田亩，方

① 同治《德阳县志》卷十八《风俗·农事》。
② 道光《德阳县新志》卷九。
③ 《四川水利志》第 6 册，四川省水利电力厅 1958 年版，第 327 页。
④ 许逊为西晋人，曾为旌阳（今德阳）县令，后学道吴猛，因斩蛟事迹，被后世视为水神之一。此处将阚昌言类比许逊无疑是歌颂他对德阳水利事业的贡献。
⑤ 乾隆《罗江县志》卷四《水利》。

得早栽，早栽则不被虫蛀，又不被秋风。……又必屡加犁耙，使泥沙稠熟，水不渗漏。至来春三四月间，田泥预熟又减牛力。高培塍埂或高一尺至二尺不等，则蓄水浑厚，可旁灌他田，且浸下秧亦不缺水①。

此段文字与《蓄水说》中所倡导的蓄水之法基本一致，但在德阳的蓄水实践使阚昌言认识到当地土质多砂砾"水难久潴"。所以，此处便增有"屡加犁耙使泥沙稠熟，水不渗漏"的技术手段。或许是因有先行者沈潜的缘故，罗江人民已经尝到兴水利所带来的甜头。因此，阚昌言在罗江推广冬水田收到了较好的效果，这在他的《登潆亭眺茫江堰蓄冬水志喜》②诗中便有所体现。诗云：

> 古刹登临别有天，山南山北井相连。
> 黄牛耕处云生陇，白鹭飞时水溉田。
> 寺映疎林苔绣壁，堰穿壑谷浪来旋。
> 老农料事有先着（蓄冬水），祗备膏芎祝稔年。

诗中所提茫江堰位于罗江县北五里，乃唐永徽五年（654）县令白大信开凿③，为川中古堰。诗中称茫江堰蓄冬水，应当是指秋冬时节，茫江堰灌区利用渠堰，引水、蓄水田中以备来年栽插之用。河堰灌区之所以也要蓄积冬水：一方面是为防止因春旱、河水不足的情况出现④；另一方面是为避免用水高峰时，因水分配不均而引起水利纷争。这点在华阳古佛堰灌区内有明显体现。清代，该堰上中下三段的用水原则为"春分以后，只准逢初九启动。上段在立夏节以后十天，应昼开夜闭，以便引水下灌。冬季全由下段用水，上中段全部关闭，让下段蓄积冬水"⑤。这说

---

① （清）阚昌言：《农事说》见乾隆《罗江县志》卷四《水利》。
② 乾隆《罗江县志》卷十三《艺文志》。
③ （宋）欧阳修，宋祁：《新唐书》卷四十二、志三十三《地理志六》，北京：中华书局1975年版，第1 089页。
④ 道光《绵竹县志》卷三《水利》记载县令安洪德"泡冬田、改冬堰"的主张便说："堰成而冬水尚旺，即截令溉田，田浸一冬、而春间无论雨之大小，河之长落，皆可插秧矣。"
⑤ 四川省水利厅编：《四川省水利志》卷四，四川省水利电力厅1989年版，第117页。

明，平坝地区冬水田的推行与消弭水利纷争也有一定关系。

18 世纪前中叶，在地方官自上而下地劝农，推广冬水田技术的同时，大量入川的外省移民也是推动四川冬水田发展的又一力量。清代入川移民多来自湖广、闽粤等水利技术发达的省份。雍正十三年（1735），四川巡抚杨馝在给皇帝的奏折中便主张发动闽、粤、江、楚等深谙水利技术的外省移民兴修水利①。定居于成都东山的客家人也开凿塘堰、推行冬水田②。道光时，严如煜在《三省边防备览》中也记载了外省移民于川北地区，开垦冬水田的情形："楚粤侨居之人善于开田，就山场斜势挖开一二丈、三四丈，将挖出之土填补低处作畦，层垒而上，绿塍横于山腰，望之若带，由下而上竟至数十层，名曰梯田。山顶不能作池，则就各层中田形稍大者，深耕和泥不致漏水，作高塍二三尺，蓄冬水以备春种之用，如平地池塘，然其泥脚深，颇能耐旱"③。外省移民在四川冬水田的推广过程中也起到重要作用④。

在官员与移民的双重推动力之下，清代四川的冬水田规模逐步扩大。乾隆时，川东彭山县"农隙近水居民，筑堰蓄塘，其田或不种小春者，即放积冬水以待春耕"⑤；川南的南溪县有"秋来记是小春天，才过收成便犁田。胡豆芝麻种都就，预潴冬水待明年"⑥ 的农俗。嘉庆时川西南的眉州"山田蓄积冬水亦可种稻"⑦。道光时，川西新津县稻作的用水途径是"在山者预积冬水，在坝者修沟作堰"⑧；川东北的新宁县"邑境多平畴，泽农居十分之七，故以水为要。秋收后遇雨即蓄之，谓之关冬水，阡陌注满，望若平湖"⑨。清代四川的地方文献中，对"冬水田"进行过最完整的类型学表述的，当属道光《中江县新志》卷二《水利》中的相

---

① 台北故宫博物院：《宫中档雍正朝奏折》第廿四辑，第 473 页。
② 钟禄元：《蜀北客族风光》自刘义章，陈世松主编：《民国年间的成都东山客家》，中国客家研究中心编印 2005 年版，第 7 页。
③ 道光《三省边防备览》卷八《民食》。
④ 其实，四川冬水田的推广与移民应有很大的关系，这点从主张冬水田的官员的分布可以看出。清初，推广冬水田的官员多在川中地区任职，而后来冬水田却在全川迅速推广，其技术传播的载体与移民的关系密切。
⑤ 乾隆《彭山县志》卷四《土俗》。
⑥ （清）翁霆霖：《南广杂咏》见林孔翼，沙铭璞辑《四川竹枝词》，成都：四川人民出版社 1989 年版，第 102 页。
⑦ 嘉庆《眉州属志》。
⑧ 道光《新津县志》卷十五《风俗》。
⑨ 道光《新宁县志》卷四《风俗》。

关记载，其云：

> 邑境秋获之后，每有近溪沟难种二麦、蚕豆之属，则蓄水满田，俟明春插秧，名曰冬水田，亦曰笼田。邑境亦有为塘堰则水不足，积冬水则水有余，乃以其田深挖潜水，俟春夏之交小春收尽，分放他田，仍复插秧者，名曰腰田。谓不浅不深，人立其中恰在腰也。

可见，冬水田的两种类型此时已存在，囤水田的出现又是在综合考虑水源与地形条件之后的结果。总之，冬水田在四川的出现，为那些原来不具备水利条件的旱地改成水田提供了新途径，扩展了水稻在四川的种植范围。道光时，四川盆地周边丘陵、山地所呈现出"山田层累而上，山上可种稻。遍山皆稻田，直至山顶，层层如梯"① 的梯田农业景观，冬水田功不可没（表3-1）。

表3-1　清代四川冬水田情况

县名	时间	冬水田情形	资料出处
成都县	1731	秋冬田水不可轻放……坚筑塍堤使冬水满贮，不论来年有雨无雨，俱可恃以无恐哉	乾隆《罗江县志》卷四《水利》
德阳县	1740	劝民于秋成之后，各计量己之田亩，某某田与堰渠相近并蓄冬水	同治《直隶绵州志》卷十《水利》
罗江县	1742	凡山田无源水者，蓄冬水最要	乾隆《罗江县志》卷四《水利》
什邡县	1747	泡冬田，作冬堰	嘉庆《什邡县志》卷九《水利》
彭山县	1757	农隙近水居民筑堰蓄塘，其田或不种小春者，即放积冬水，以待春耕	乾隆《彭山县志》卷四《土俗》
荣　县	1757	东路冲田，农民素蓄冬水	乾隆《荣县志》卷一《地利》
江津县	1768	故农田以修堰为急务。其无泉源之处，有作小沟横截，收天水入田中者，不如筑塘及贮冬水之为善	乾隆《江津县志》卷六《食货志》
珙　县	1773	十一月整犁田块，蓄积冬水	乾隆《珙县志》卷四
眉山县	1799	山田蓄积冬水亦可种稻	嘉庆《眉州属志》之《种植》
宜宾县	1812	乡民掘泥附塍，严闭决口，使阡陌皆盈，涓滴不漏，名曰"关冬水"	嘉庆《宜宾县志》卷三

---

① （清）王培荀：《听雨楼随笔》卷五，济南：山东大学出版社1992年版，第316页。

（续表）

县名	时间	冬水田情形	资料出处
绵阳县	1814	黄泥田不宜小春，宜蓄冬水	嘉庆《直隶绵州志》卷十九《风俗·农事》
大竹县	1822	九月犁田，犁后始耙，以蓄冬水	道光《大竹县志》卷十八《风俗志》
新津县	1839	在山者预积冬水，在坝者修沟作堰	道光《新津县志》卷十五《风俗·农事》
中江县	1839	邑境秋获之后，每有近溪沟难种二麦蚕豆之属，则蓄水满田，俟明春插秧，名曰冬水田	道光《中江县新志》卷二《水利》
新宁县	1835	秋收后遇水即蓄之，谓之关冬水，阡陌注满望若平湖。其傍山麓高阜处名曰塝田，同时亦潴冬水	道光《新宁县志》卷四《风俗》
南川县	1851	农功以蓄水为要，秋成后，遇雨即犁田贮水，谓之关冬水	咸丰《南川县志》卷五《风土》

　　时至清末，在西方人撰写的游记或拍摄照片中，均可见到四川冬水田的景象。英国人莫理循《中国风情》记载四川的山地开垦及水利、农业情况，称"各处的大山都被开辟成梯田，其形状就像原型剧场的座位一样"[1]。美国人罗斯由湖北入川时，看到川东地区的层层梯田时也不禁发出这样的感慨："中国人近乎拼命三郎，努力地把山坡开辟成层层梯田，只是为了得到新的耕地。在南方某地，仅在一座山的一面斜坡山，竟发现有四十七块形状像一个个台阶似的梯田"[2]。冬水田技术与梯田的配合，为四川丘陵地区的水稻种植开辟了新的用水途径。同一时期，在南方地区尤其是西南地区，因为相似的地形与气候条件以及密切的技术交流，冬水田在云南、贵州、陕南等省均有分布。乾隆时，云南《腾越州志》记载，当地农民在耕种高田时，主要采用"作躐水车其水循沟而上灌溉"与"于山麓筑一二堤，以蓄冬水"两种方式，确保翌年"秧苗有赖栽插及时"[3]，在同时期的云南河西县，政府在劝农文中也力倡农民"尤其当秋后收获耕犁纯熟，蓄就冬水，运就灰粪及清明前后浸种栽秧，陆续施功皆应时候"[4]。道光二十二年（1842），义乌人陈熙晋

① ［英］莫理循：《中国风情》，张皓译，北京：国际文化出版公司1998年版，第56页。
② ［美］罗斯：《E. A罗斯眼中的中国》，重庆：重庆出版社2004年版，第50-51页。
③ 乾隆《云南腾越州志》卷三《渠堰》。
④ 乾隆《续修河西县志》卷一《食货·水利》。

任贵州怀仁厅同知，在他所写《唐朝坝》这首反映当地风俗农事活动的
诗歌中称：

> 是时，九月，秒浓绿，仍迎睁豆熟，麦苗秀，花杂红白菽。日
> 暮鸟飞倦，欲从何处投。四山照畬火，似比炊烟稠。黔壤苦硗瘠，
> 一岁为一秋。满畦贮冬水，但为明年谋①。

从中可以推断出，诗中所描绘的怀仁唐朝坝在稻田秋收后，蓄积冬
水已经成为其耕作习俗中的一环节，其蓄水的主要目的也是以为明年栽
插稻秧。这说的当然是冬水田技术。再往后，到咸丰时期，吴振棫在
《黔语》中描述贵州地区的水田时，称"黔山田多，平田少，山田依山高
下层级开垦如梯田，故曰梯田。畏旱，冬必蓄水，曰冬水"②。在贵州的
数部方志中，记载当地逐月农事安排时，我们均可见到"十二月，看冬
水、护林、整屋、盖墙""二月，添冬水、整水轮、出牛粪、始犁水
田"③ 这样的例行农事活动。由此也可表明冬水田这种耕作习惯在贵州也
延续了下来。嘉庆时在陕南留坝厅，张问陶有诗句称其"田高冬水足，
树冷夏虫稀"。他在诗间注曰："山田无灌溉之利，冬日多雪，谓蓄
冬水。"④

清代冬水田这种新型水利形式在川的大规模兴起，也是当时"旱改
水"耕作制度变化的重要内容之一。在四川冬水田区形成了特有的耕作
制度，秋冬整田蓄水成为地方农事的必要环节之一，以川南珙县为例，
其一年的农事安排如下⑤。

> 三月，整秧田，播谷种、犁挖山地，并种杂粮，如高粱、山谷、
> 粟谷、红稗、包谷等类。

---

① 道光《怀仁直隶厅志》卷二十《艺文志》。
② 吴振棫：《黔语》卷下《塘堰》自戴文年等主编《西南稀见丛书文献 第6卷》，
兰州：兰州大学出版社2003年版，第637页。
③ 光绪《平越直隶州志》卷二十一《农事》；民国《八寨县志稿》卷十七《农事》；
民国《余庆县志》之《天时农事》；民国《荔波县志资料稿》第三编《社会资
料》，第52页。
④ 留坝县志编撰委员会：《留坝县志》第二十五编《艺文·诗》，西安：陕西人民出
版社2002年版，第694页。
⑤ 乾隆《珙县志》卷四《农功大略》。

四月，栽插秧苗，种棉花、油麻、翻犁豆地。

五月，种豆，收割麦菽，耘田草。

六月，耘田草并棉草，储水御旱，早稻有刈获者。

七月，耘豆草。

八月，晚稻悉登场。

九月、十月，收豆谷，播种小春，如胡豆、菜子、小麦、大麦等类。

十一月，整犁田块，蓄积冬水。

十二月，种植麦菜各项之后，少有暇日，或小经商以资生计。

总之，在官员与移民的共同作用下，冬水田以其便捷、低成本的优势，迅速地成为四川丘陵地区农民水稻种植用水的主要技术手段。可以说，冬水田的广泛应用是农民结合地形与环境特点，改造传统塘堰与冬沤田技术的结果。我们再次看到环境因素在农业技术选择与应用中，所发挥的基础性置配作用。四川冬水田出现的意义，不仅在其为丘陵地区的水稻种植提供可能，改变了四川的水稻种植格局，而且从全局上看，也推动了整个长江上游稻区水稻种植面积的扩大与总产量的提高。清代中前期，四川输出楚、浙等地的稻米，有相当一部分产自这样的冬水田中。冬水田之于四川农业的重要性，由此可见一斑。

第二节　继承与改进：20 世纪 30—40 年代四川的冬水田

进入 20 世纪，留蓄冬水田仍旧是稻田用水的主要形式之一。直到 30 年代，抗战救亡成为时代主题，位于大后方的四川被定位为"民族复兴的最后根据地"，担负起了支援抗战的重任。政府也大力发展社会经济，努力提高生产，在农业方面就是要通过各种措施全面提高粮食产量。在对粮食有如此强烈需求的时代背景下，改造冬水田已成为不可避免的措施。这期间先后有多位农学家主张通过直接变革冬水田耕作制度来提高水稻总产，他们的建议也得到部分实施。只是总体上看，得到改造的冬水田面积并不大，后来随着农业改进工作的回落，冬水田又恢复如初。

王笛的研究表明清末四川的农业改良工作已有所进展，但是由于受

多种因素的制约，这一时期农业改良取得的成绩是有限的，不过其开启
了四川农业的近代化历程①。民国初年，四川军阀混战，时局动荡，政府
无暇顾及农业改进。故此时四川的农业又回到传统状态，冬水田依然是
山区水稻种植用水的主要方式，甚至在川西平原地区，因为河堰水利系
统的失修，部分地方也留冬水田②。地理学家胡焕庸记述 20 世纪 30 年代
四川农田利用状况时称："四川耕地冬季休闲者颇多，平均占百分之二十
左右，高者达百分之五十以上。川省稻田除成都平原及少数坝地（或较
平之地）用堰水灌溉者外，大都为冬水田"③。具体分布情况大致是川
东、川南最多，川中次之，川北、川西又次之，成都平原极少；1941 年
统计资料表明，四川省冬水田面积约为 2 500 万亩，约占稻田总面积的
70%④。冬水田之所以在四川广泛存在（西南地区均有），除基本的蓄水
以保来年栽插原因外，还受诸如休闲节约地力、绝减虫害、肥料不足、
节省劳动力等因素的影响⑤。1937 年抗战全面爆发，四川作为"民族复
兴的最后根据地"的地位被更加强调⑥。战时，四川农业的产出不但要供
应军队，而且还要为大量入川避难的外来人员提供口粮。抗战时期入川
的外省移民达 100 余万，其中 80% 的人口集中于成都、重庆这两座中心
城市⑦，城市人口的增加，对粮食供应提出了更高的要求。自 1930 年后，
四川由稻米外销省份变为输入省份，1931 年即输入湘米 102 521 担。1935
年，全省粮食产量 32 000 余万担，翌年减为 28 000 余万担⑧。因而，提高

① 王笛：《跨出封闭的世界——长江上游区域社会研究（1644—1911）》，北京：中
华书局 2006 年版，第 188 页。
② 如川西新津县。
③ 胡焕庸：《四川地理》，重庆：中正书局 1938 年版，第 11 页。
④ 杨守仁：《改善四川冬水田利用与提倡早晚间作稻制》，《农报》1941 年第 22-24
期，第 14 页；另据 1941 年《四川省政府报告》记载四川"水田约为四千五百万
亩，水田内已有水利保障（能自流灌溉者），约为五百万亩，蓄水灌溉及冬水田
约三千九百九十万亩"。参见李孔遗《普遍发展四川农田水利刍议》，《四川经济》
1946 年第 1 期，第 115 页。
⑤ 屠启澍：《冬水田推广冬作绿肥之讨论》，《农业推广通讯》1945 年第 10 期，第
39 页。
⑥ 杨开渠：《四川省当前的稻作增收计划书》，《现代读物》，1936 年第 4 卷第 11 期，
第 1 页；晏阳初：《在新都视察时的讲话》，自《晏阳初全集》，长沙：湖南教育
出版社 1995 年，第 489 页。
⑦ 李世平：《四川人口史》，成都：四川大学出版社 1987 年版，第 211 页。
⑧ 萧铮主编：《民国二十年中国大陆土地问题资料》，台北：成文公司 1977 年版，
第 47299 页。

粮食产量成为农业规划的主要目的。抗战时期，民国政府为发展四川农业做了大量的工作，其核心都是为增加粮食总产量，也收到了一定效果①。战时四川农业改进的众多工作中，变革冬水田耕作制度是当时稻作改进工作的重要内容。在几乎所有研究者的眼中，四川稻田蓄积冬水的耕作习惯无疑是最不经济的。若将此一年一熟的耕作制度改变为一年两熟，将大大提高粮食产量。与其他农业改进措施，如品种选育、水利兴修、增加肥料等相比，改造冬水田提高复种率被认为是最为简捷、高效的方式。因此，对冬水田耕作制度的变革，成为稻作改进的主要工作之一。最早公开提倡改变四川冬水田耕作制度的人是水稻学家杨开渠。他于1936年发表《四川省当前的稻作增收计划书》，力主在川推广双季稻，是文称："四川稻田大部分皆为一熟制，水田一年中休闲者居三分之二，耕种期仅三分之一。其主要原因正是为防旱、防虫而存在的蓄冬水的耕作习惯。"② 杨开渠主张通过推广双季稻来改造冬水田，因此，他首先全面否定了冬水田的主要功用，他认为蓄水抗旱是一种"为一极短期间之插秧关系，乃不得不牺牲大半年之利益"的极不经济的选择；蓄水防虫"大可不必"③。杨氏对四川冬水田的全面否定，与当时亟须全面提高粮食产量的特殊时代背景有关。该计划推动了四川稻麦改进所泸县分场重点开展双季稻栽培的试验；试验成功并有一定推广④。这也为后来的改造工作与双季稻的进一步推广打下基础。1939年，中央农业实验所（以下简称中农所）在成都东郊狮子山附近采集冬水田土壤样本，研究其性状，所得结果为"冬水田对于土壤良性之维持，与肥力之增进，不能归功于冬季蓄水；仅黏重之土壤，在蓄水状况之下对于耕作方法是较旱作地为

---

① 侯德础：《试论抗战时期四川农业的艰难发展》，《四川师范大学学报》1987年第6期，第80-90页。

② 杨开渠：《四川省当前的稻作增收计划书》，《现代读物》1936第11期，第3页："四川稻田，大部分皆为一熟制，即自四月初旬播种，至五月中下旬移植，其后水耕二三次，至七月下旬或八月中下旬收获，迟至九月者极少。待收后，则田面任其荒芜，直至十一月间，始将田畔之杂草，锄下置于田中，在畔上种下蚕豆，田中则灌水，用牛犁一二次以越冬。至翌年四五月再行种稻，即水田之内、每年仅种水稻一次，而水稻又多系早熟种，为时不过四月。……四川至少有二千二百一十万亩之水田，每年只有四月至耕作期，则此吾人亦加注意"。

③ 杨开渠：《四川省当前的稻作增收计划书》，《现代读物》1936第11期，第4-5页。

④ 金善宝：《中国现代农学家传 第2卷》，长沙：湖南科技出版社1989年版，第115页。

便利耳"①。可以看出，在杨开渠与中农所土壤系的论证中，四川冬水田的优势：抗旱、防虫、增进土壤肥力，被否殆尽。如今再重新审视，无论据传统农业经验，还是依现代科学研究，冬水田的这些基本功能均已得到证实②。至于中农所专家的研究结果，恐有为改造冬水田寻找理论依据的考虑（图3-1）。

图3-1　梯田型冬水田的蓄水情形③

1940年，四川省生产计划委员会撰成《四川省经济建设三年计划草案》，对当时四川经济的发展战略做出规划。草案《农林门·稻作篇》将"改善稻田蓄水"列为首要。该部分首先将四川稻田分为：坝田、沟田、膀田及山田四类，并将四类稻田中的膀田（梯田）列为"改善蓄水之对

---

① 张乃凤：《本所工作消息：三年来土壤肥料系工作述略》，《农报》1941年，第10-12期合刊，第23页：关于冬水田土壤肥力的详细结果为：（一）冬水田土壤之黏性略强；（二）冬水田土壤保水率较高；（三）冬水田土壤组织较细松。此三种物理性质属黏重土壤水浸后之一般现象，（四）土壤有效磷钾无显著差别；（五）冬水田土壤酸较多；（六）有效铁质较多；（七）冬水田土壤中有机质略多；（八）氮素含量亦略高。后五种化学性质为长期蓄水而休闲之一般现象，因知冬水田对于土壤良性之维持，与肥力之增进，不能归功于冬季蓄水，仅黏重之土壤，在蓄水状况之下对于耕作方法是较旱作地为便利耳。

② 四川冬水田资源开发利用研究小组：《我省冬水田演变规律及改造利用实践》，《四川农业科技》1984年第2期，第4页：冬水田休闲期增加的天然养分供给量，约为氮2.74斤、五氧化二磷1.17斤、氧化钾6.22斤。

③ 孟周：《地政月刊》1935年第3卷第11期，第1页。原图下注释："四川以灌溉著称，然仅限于成都平原之一部。其不能灌溉处，冬季蓄水休闲，以备来年中稻，俗称冬水田。此种冬水田不独平原有之，山坡、山顶亦有之。上图摄于（重庆）璧山管家桥附近。"

象，亦即厉行多熟制、扩充冬作之核心区域"。其具体办法是改平面蓄水为立体蓄水，"即以原蓄冬水之膀田四分之一，乃至三分之一，放泄其水，仍分蓄上下层几块田中，上下层应加高原有田埂，以容纳之"。冬水田立体蓄水不但可"保有原来之蓄水量，且能减少一部分面积七八个月长期之蒸发水量。此计划由省农业改进所与本省水利局合作，在宜宾、江津、合川四县设改良稻田蓄水示范区"①。《草案》基于推广冬作的考虑，侧重改造梯田型冬水田，但在四川的冬水田中沟田、山田型冬水田也有不少。1941 年，中农所的稻作专家杨守仁在实地考察后，提出更为系统的改造方法②。其核心理念是据冬水田的不同类型，采取不同的改进办法，主要目的是要延长冬水田的利用时间。具体实施办法有三：一是种一季晚稻，以提高单产；二是推广再生稻；三是实行间作双季稻制。从实施情况看，三种方式在四川不同地区均有应用：一季晚稻主要在川北地区实行；再生稻在川东万县、梁山、开江等地均有保育；间作稻制主要在热量较充足的川东、川南两地推行。有些地方直接组织放干冬水田，种植小春作物。如 1943 年，大足县政府"组织粮食增产指导团，分赴各乡镇指导放干冬水田 1.2 万亩，种植小麦、胡豆。"③

为配合冬水田的改造，同时提高稻田的抗旱能力，四川稻麦改进所加强对优良水稻品种的选育、引进与推广。在耐旱水稻品种的选育方面，川农所在当时的 400 余品种中，选出耐旱能力较强的 22 种，这些品种多是具有"有色、麻谷、有芒或短秆"等特点，其抵抗不良环境的能力较强④。在品种的引进方面也做了大量工作，其中最具代表性的事例，就是晚稻浙场 3 号的引入推广。此品种具有防旱迟栽，产量高，品质良，宜冬水田栽植的优点⑤。它的引进为当时提倡的双季稻计划找到了优良的品

① 《四川省经济建设三十年计划草案》之《农林门·稻作》，1940 年内部刊印，第8 页。
② 杨守仁：《改善四川冬水田利用与提倡早晚间作稻制》，《农报》1941 年第 22-24 期合刊，第 485-490 页。
③ 大足县志编修委员会：《大足县志》，北京：方志出版社 1996 年版，第 279 页。
④ 《四川省水稻耐旱品种之发现及其特征》，《农业推广通讯》1940 年第 2 期，第 26 页："其中尤以高山山谷、具红谷，冕宁有芒谷、红谷有芒，石柱毛谷、具长芒，眉山麻杆子、具麻谷，江油短子糯，其秆甚短"。
⑤ 孙光远：《晚稻浙场 3 号在川北之推广》，《农业推广通讯》1945 年第 5 卷第 8 期，第 25-26 页。

种，耐旱与高产的特性，使它在川北山区的推广十分成功①。据李先闻后来回忆："当时川北各县栽培'浙场3号'很多，老百姓因它涨斗（实在是斤两不足）就用它作为纳粮的黄谷。县政府因它米质好，价钱高，把它另仓储藏"②，可见此品种在当时的受欢迎程度之高。另外，对于有水源保障的梯田型冬水田，主要采取种植油菜、苕子、小麦等越冬作物，以提高土地利用率。重庆璧山县便将"灌溉便利，不怕水源缺乏"的梯田型冬水田改为苕田，效果良好③。

以上办法互为补充，共同为提高粮食产量的宗旨服务。抗战时四川冬水田的改造虽使"水稻种植总面积较战前有所减少，但由于冬水田扩种小麦及多栽了夏熟杂粮，土地复种率得以提高，粮食总产，除灾害较重的年份外，还是有所增加"④。不过，这一时期四川冬水田缩减的规模也是较为有限的，就连水利条件较好的成都平原地区，冬水田也从未消失过。1943年，董时进在《现代农民》杂志上发表了一篇题为《二十年后的成都平原》的文章。董时进在文章中从工业、农业、交通运输、社会文化等多方面，描绘了20世纪60年代成都的情形。在预测农业发展状况时，他还特意强调20年后的成都平原"水田大为减少了，尤其是冬水田简直看不见"⑤，由此可见当时冬水田依旧普遍。

抗战结束后，四川农业又逐渐恢复到以前的状态，加之国内战火再度燃起，水利事业又被搁置下来。于是，冬水田以其"投入小、成本低"的优势在民间又恢复了往日的生命力。就连那些位于平原地区的水利灌区尾部，或因水利失修无法引水的坝田冬季也开始蓄水。据调查，1949年年底，四川省的水利工程处数仅有22万多处，蓄引提水能力33.6亿立方米（36.1亿立方米）。水利工程有效灌溉面积801万亩（881.32万亩），冬囤水田2 505.3万亩（3 378万亩），灌溉面积占耕地仅7.66%（8.4%），主要靠关冬

① 农业部种子管理局，中国农业科学院作物育种栽培研究所：《水稻优良品种》，北京：农业出版社1959年版，第98-100页。
② 李先闻：《李先闻自述》，长沙：湖南教育出版社2009年版，第188页。
③ 张乃凤，朱海帆：《四川省苕子推广报告》，《农报》1943年第13-18期合刊，第174页。
④ 侯德础：《试论抗战时期四川农业的艰难发展》，《四川师范大学学报》1987年第6期，第84、86页。
⑤ 董时进：《二十年后的成都平原》，《现代农民》1943年第6卷第1期，第19页。

水和春水保栽①。是时，四川冬水田的规模之大，可见一斑②。

总体上看来，民国期间四川的冬水田面积波动不大，即使在农业改进的全盛时期（1940—1945 年）其总面积仍旧很高；当时对冬水田的改进办法：在川东、川南地区，以推广双季稻延长水田的利用期的方式为主；在川北地区则以整顿稻田水利，推广冬作为主。从实施效果来看，双季稻在川南冬水田区的推广取得了一定的成功，但是面积有限；川北地区变革耕作制度的"水改旱"方式，成效甚微。所以在这一时段内，四川冬水田在平稳中保持着大面积的状态。究其深层次原因，则是由当时社会经济条件所决定的。

第三节　反复与式微：20 世纪 50 年代以来四川的冬水田

1950—1980 年，四川省的农业进程大致可分为发展、倒退、长期徘徊与再发展四个阶段。20 世纪 50 年代初，川省粮食生产量落后于全国平均水平，居于倒数第三。在全省的粮食生产结构中，水稻长期以来都处于绝对主导的位置。在 1949 年的统计中，全省粮食总产量约 150 亿千克，其中水稻占 62%，之后至 1956 年，7 年间水稻的产量持续增长，其在粮食结构中所占比例，也呈现出在稳定中逐年走高的趋势。但是 1957 年之后，水稻在粮食总产量的比重却逐年下降。截至 1980 年，四川水稻产量占粮食总产中的比率，已经由 62%（1949 年）降至 47%。导致这种情况出现的最直接原因，便是 1958 年开始的放干冬水田，改种小麦的农业策略③。可以说，在四川的农业结构中，水稻种植情况的变化对于整个粮食产量的变化有最直接的影响，而决定着水稻生产量多少的直接原因就是冬水田的多寡。1949 年以来随着农业政策的变动，冬水田的命运历经了数次波峰与波谷间的起落。

---

① 水利部农村水利司：《新中国农田水利史略（1949—1998）》，北京：水利电力出版社 1999 版，第 48 页。

② 另据《四川省水利志　第 4 卷》，四川水利电力厅 1989 年版，第 64 页，记"建国初期，全省冬水田面积约 4 000 万亩"。两组数据差距较大，但其反应的事实是一致的：中华人民共和国成立初期，四川冬水田面积占田田总面积的比重很高。

③ 马建猷：《论四川丘陵冬水的机制功能及对发挥水稻优势的战略意义》，自《大自然探索》，成都：四川科技出版社 1983 年版，第 103 页。

据每个时期政府对冬水田的政策及冬水田规模的变化，我将 1949 年之后四川冬水田的发展分为四个阶段，对照每个阶段的特点，可以发现冬水田的变化与当时整个农业的发展趋势有高度一致性。

第一阶段：提倡并推行（1949—1957 年）。1950 年 9 月，川北行署的主要领导胡耀邦等联合向所属各县发出通令，强调全面恢复水利设施，并要求冬水田及时蓄水①。以川北仪陇县为例，该县按省水利政策要求，将"修筑囤水田，增加蓄水量，逐步减少冬水田面积，变一季田为两季田，提高复种指数，列为农田基本建设重要内容之一"②；1954 年 1 月，鉴于前一年降水稀少，出现塘堰蓄水偏低的问题，省水利厅提出："大力恢复和扩大囤水田，保证春耕用水"的号召，要求缺水地区农民在团结互助、自愿互利的原则下，用补充肥料、补充产量或互换田土的各种办法、保证囤水田主产量利益、尽量蓄积春雨囤水③。全川通过这种互助合作的方式，加强囤水田的修筑，有计划地缩小冬水田面积，提高土地复种指数。这一时期对待冬水田的态度还比较理性，改造办法也较得当。

第二阶段：全面放干冬水田（1958—1961 年）。"大跃进"开始后，为增加复种面积、提高产量，冬水田的改造采取了盲目、短视且不计后果的策略：在未修囤水田的前提下，大肆放干冬水田。1958 年 7 月，四川省水利厅借在资中县谷田乡召开的推广当地农业生产合作经验会议为契机，"要求全省 3 000 多万亩冬水田尽快由一季改两季、两季改三季，以提高水田单位面积产量，保证农业增产"④。在如此不切实际的行政命令的督促下，各地冬水田面积缩减迅速，如自贡市 1957 年，冬水田总面积有 126.3 万亩，1961 年便缩减为 100.12 万亩⑤；川北三台县，1957 年前冬水田保水面积稳定在 24.35 万~25.45 万亩，1959—1961 年，全县冬囤水田面积也缩减到只有 22 万亩。但是这种不分情况、不计后果、盲目地大面积放干冬水田，带来了灾难性的后果。冬水田的减少，不仅使水源无保障的稻田无法种植水稻，而且部分有水稻田也出现大片"倒旱田"和"下湿田"，使水稻严重减产⑥。据统计，1957—1960 年，全省冬囤水

① 《四川省水利志　第 4 卷》，成都：四川水利电力厅 1989 年版，第 69 页。
② 四川省仪陇县志编撰委员会：《仪陇县志》卷七《水利》，成都：四川科学出版社 1994 年版，第 255-256 页。
③ 《四川省水利志　第 1 卷》，成都：四川水利电力厅 1989 年版，第 144 页。
④ 《四川日报》1958 年 7 月 26 日。
⑤ 《自贡市志》第十六篇《水利》，北京：方志出版社 1997 年版，第 658 页。
⑥ 《三台县志》之《水利建设》，成都：四川人民出版社 1992 年版，第 127 页。

田面积减少 851 万余亩，由 3 114 万亩降至 2 263 万亩。冬水田大面积减少，水稻无水栽插，而改种两季后又无收成，使得全川粮食连年减产，就连城镇口粮供应标准亦由人均 15~13 千克，减为 10.5~9.5 千克①。

第三阶段：再度恢复、合理减少（1961—1971 年）。在认识到无节制地胡乱放干冬水田所造成的不良影响后，1961 年 8 月，省农田水利局提出"关于适当恢复冬水田和扩大囤水田的初步意见"，决定在四川盆地北至阆中、南至筠连，西起内江、东至达县的广大范围内开始有计划地恢复冬水田②。9 月《四川日报》发表了一篇题为《快犁冬水田》的社论，称"留蓄冬水田的主要目的有两个：一方面是为了来年水稻栽插准备好用水，提高本田的抗旱能力；另一方面，是让这些田有'休养生息'的机会，通过轮流歇和水泡的办法，提高土地的肥力，为来年水稻增产立功"，并强调各地应认识到"留蓄冬水田这件事，关系到明年整个大小春生产的一件很重要的工作。各地在规划明年大小春生产时，应该从全面出发，因地制宜，合理安排大小春的种植面积，为了争取明年有个全面的好收成，凡是水源没有保证的地方，就应该经过周密的考虑和遵照群众的习惯，适当多留一些冬水田"③。南充专区将"秋收、秋耕、蓄水密切配合，采取边收、边耕、边蓄水的办法，田犁完水也蓄满了"，内江、宜宾等专区从县到生产队采用专人领导负责制度，组织群众开展田坎捶糊、修缺补漏和趁雨蓄水的突击活动，加强蓄水保水工作，以保证来年用水不缺④。1962 年，四川省委明确提出农田水利工作方针应以"恢复冬水田为纲，兴修水利设施为辅"。水利方针的调整使先前回落的冬水田建设热情瞬间高涨，四川各地掀起又一轮的冬水田建设高潮。《人民日报》对此阶段川北盐亭县修冬水田的情形进行过专篇报道⑤。

当年，全省冬水田恢复到 2 253 万亩⑥。1963 年春，全省冬水田面积恢复到 2 933 万亩⑦。这一时期以冬水田为纲的农田水利建设方针，纠正了"大跃进"中盲目消灭冬水田错误策略，提倡扩大冬水田的面积。如

---

① 《四川省水利志 第 1 卷》，成都：四川水利电力厅 1989 年版，第 182 页。
② 同上，第 183 页。
③ 《快犁冬水田》，《四川日报》1961 年 9 月 13 日。
④ 《四川结合秋收秋耕及时给冬水田蓄水》，《人民日报》1961 年 10 月 17 日。
⑤ 白夜：《冬水田》，《人民日报》1962 年 12 月 17 日。
⑥ 四川省地方志编纂委员会：《四川省志·农业志》，成都：四川辞书出版社 1996 年版，第 114 页。
⑦ 《四川省水利志 第 1 卷》，成都：四川水利电力厅 1989 年版，第 187 页。

川南地区的泸县，通过扩大冬水田的面积，将水稻种植面积由 1961 年的 40 多万亩，提高到 80 多万亩，仅此一项便实现粮食增产 1 亿多公斤（1 公斤＝1 千克）；川北盐亭县因尝到 1961 年保蓄冬水田带来的全面增产的甜头，"社员们一致要求今年进一步扩大冬水田"①。但是 1962 年，四川各地对冬水田的扩大，过分强调当年得利，忽视相应配套水利工程建设。这种情况在 1964 年得到了纠正。是时，四川省委在接到《资阳县委关于修建小型石河堰的情况报告》后，及时调整了农田水利建设方针，通过修建石河堰、山湾塘和小型水库等方式，增加水利设施②，为冬水田用水提供了保证。

第四阶段：积极发展水利事业、改造冬水田（1971—1982 年）。1971 年，四川省在《进一步开展农业学大寨群众运动的决定》中，提出"积极改造冬水田，有计划地修建一批骨干水利工程，逐步将省内主要江河的水利资源利用起来"的水利建设策略。1973 年，四川省委发出"关于彻底改变我省农业生产条件、加快农业发展速度"的指示，要求各地、县大力改田、改土，兴修水利，全省冬水田面积由 1971 年的 2 600 万亩降至 2 200 万亩。在之后的农田水利建设中，水利工程的修建与冬水田的改造一直都是主攻的方向③。在政策的指引下，各地改造冬水田的实践也大量展开。地处川西平原都江堰灌区的双流县，通过"开渠引水，挖平塘、修水库，加高原有塘堰增大蓄水量，新建电灌站抽水灌田，劈山凿隧洞、引水上山"等措施，完成 9.5 万余亩冬水田的改造工程，变一熟田为两熟、三熟田④。川北梓潼县自 20 世纪 70 年代兴建一批电力提灌站后，冬水田面积由 1958 年以来的 7.1 万余亩减至 2.4 万亩⑤。川南自贡地区通过"拦田堰集中蓄水"的方式来实现冬水田的改造，1972 年，全市"筑拦田堰 774 道，蓄水 991 万立方米"⑥。可见水利工程的兴建是改造冬水田的必要条件。另外，位于成都川西平原北部的绵阳稻区这一时期的冬水田改造工作也取得了显著的成效，据经历者事后回忆，1970—1980 年，绵阳以改造冬水田为中心的农田水利建设成效显著，"全县冬水田面积从

① 《人民日报》，1962 年 12 月 17 日。

② 《四川省水利志　第 4 卷》，成都：四川水利电力厅 1989 年版，第 43 页。

③ 《四川省水利志　第 4 卷》，成都：四川水利电力厅 1989 年版，第 46-47 页。

④ 《农业学大寨第九辑》，北京：农业出版社 1973 年版，第 128-129 页。

⑤ 敬永金：《梓潼县志》，北京：方志出版社 1999 年版，第 314 页。

⑥ 《自贡市志》第十六篇《水利》，北京：方志出版社 1997 年版，第 658 页。

28万亩降为4万亩，使24万亩冬水田变为水旱两季屯粮田"[1]。截至1982年年初，全省冬水田减少了987万亩，分布到各地区的情况大致是："盆西的温江、绵阳、乐山、雅安等地区共减少462万亩，占42.3%；东部的涪陵、达县、万县、重庆等地共减少289万亩，占26.4%；中部的南充、内江、宜宾等地区共减少236万亩，占21.6%。同期下降的比重西部为26.4%，东部18.9%，中部4.6%"[2]。不同地区间冬水田改造的结果之所以有如此大的差距，主要是由各地间的自然环境条件的差异产生的。盆西地区的地形、水利条件均优于其余各地，冬水田的大量存在多因水利废弛而形成。以新津县为例，该县位于成都平原西部，素有"成都南大门"之称，平原地貌占70%以上，其余为台地与丘陵。县境之内河流众多，水利工程也不胜枚举，最著名的水利工程为始建于唐代开元年间的通济堰。道光《新津县志》记载其不同地形条件下的水利形式，称"在山者预积冬水，在坝者修沟作堰"[3]。民国时期，新津县除山区继续保留冬水田耕作习惯外，部分平坝地区在水利失修的情况之下，也出现了规模不小的冬水田。据1949年之统计，全县冬水田面积56 380亩，约占稻田总面积的28%。在新津的冬水田中，有部分就位于河堰灌区之内，如杨柳河五堰中的冬水田比例达到总稻田面积的75%左右。在地势平坦且有堰渠灌溉的地区，存在如此大规模的冬水田，显然不太合理。这种情况的出现多是由水利失修与管理不周引起的，有人总结平坝自流灌区出现冬水田的主要原因是，"渠系布局紊乱，沿沟高扎堰头多，阻水碾磨也不少，渠道又是宽窄不一，致使水流不畅，排灌困难"[4]。因此，盆西平原地区冬水田的改造重点，在于整饬水利确保河堰灌溉系统的顺畅，其改造难度也相对较小。而盆地东部、中部等地区以丘陵、山地为主的地区，地形条件极大地限制了水利建设的开展，进而制约着这些地区冬水田的改造工作。即便60年以后，各级提灌站的修建，为高地灌溉提供了新的用水保证，但由于提灌成本较高，也会影响农民对于新技术的选择。所以，以因地制宜的原则来看，若要在这些地区提倡种植水稻，冬水田也不失为一种经济且实用的技术选择。因吸取了"大跃进"时期

① 赵继英：《绵阳改造冬水田忆录》选自《涪城文史资料选第五辑》（内部资料）1997年，第54页。
② 四川省冬水田资源开发利用途径研究小组：《我省冬水田演变规律及改造利用的实践》，《四川农业科技》1982年第2期，第7页。
③ 道光《新津县志》卷十五《风俗·农事》。
④ 新津县政协：《新津文史资料第八辑》（内部资料）2002年，第45页。

对冬水田改造失败的经验教训，20 世纪 70 年代以来的改造工作，计划得更加周密、投入更大，也取得了成功。总结这一时期成功的改造经验可知，水利工程的修建是冬水田改造的根本性保障。无论是工程水利建设，还是囤水田的修筑都是保证水稻按时栽插的关键。自 70 年代开始，四川重点开展中小型水利工程建设，以为改造冬水田创造前提条件。如川北遂宁县的朝阳公社共有耕地 22 700 亩，其中，稻田 10 500 亩，且 80% 以上是只种一季的冬水田，平均粮食产量长期处于每亩 600 斤左右。自 "农业学大寨" 运动开始后，当地便集中力量修建四座水库，为后来冬水田的改造开创条件①。

第五阶段：综合利用开发、继续改造（1982 年至今）。1982 年，家庭联产承包责任制在四川实行后，由于公共水利设施建设未及时跟上以及肥料、人力、用水成本等社会经济因素的制约，冬水田在部分地区又有所恢复。但政府始终坚持改造冬水田的方针，通过对以往改造经验的总结，否定了过去那种 "以放代改" 单一的改造方式，进而确定了与各地区环境特点相适应的改造方法：盆地西部水利基础设施好，可基本实现自流引灌，种植小春作物有明显的优势，可继续贯彻全面改冬水田为两季的做法；盆地中部，冬春降水较少，春夏伏旱易交错，赖抢雨水栽插的可靠性低，且配套水利工程建设难度大，保灌面积小，故在水利工程建设未完全跟上的前提下，本区应保留冬囤水田，并增加插花囤水田，通过立体、相对集中的方式，增加蓄水量，减少蓄水面积，为下一步改造创造条件；盆地东部地区的气候特点是春雨早、伏旱重，虽能靠拦蓄雨水适时插秧，但后期伏旱却无绝对水利保证，因此在加强蓄水水利工程建设的同时，亦需留蓄部分冬水田②。截至 1989 年，四川省拥有耕地 9 600 多万亩，稻田与旱地各占一半，稻田中有冬水田 2 000 万亩，占稻田面积的 40% 左右③。此后，四川对冬水田的改造工作主要通过实行 "冬水田半旱式稻麦（油）免耕连作法" 和综合利用冬水田这两种方式进行。

① 《四川日报》1977 年 8 月 18 日："朝阳公社大搞小型水利建设，去年夏秋奋战七十多天改造冬水田三千九百多亩，扩大小春种植面积，今年小春粮食、油菜获得大增产；目前正在大搞夏修水利，同时又打响了改造冬水田的战斗，计划今秋再改一千五百亩，夺取明年小春更大的增产。"

② 四川省冬水田资源开发利用途径研究小组：《我省冬水田演变规律及改造利用的实践》，《四川农业科技》1982 年第 2 期，第 7-8 页。

③ 中国水稻研究所：《中国水稻种植区划》，杭州：浙江科学技术出版社 1989 年版，第 93 页。

"冬水田半旱式稻麦（油）免耕连作法"是由土壤学家侯光炯教授提出，其通过田中开沟起垄的方式，改原来一季稻为中稻一季、再生稻一季、冬作一季，极大地提高了土地复种率与粮食产量。此法后来成为改造冬水田的主要技术路径。"综合利用"主要是针对那些不易改造的冬水田，通过加高田塍、增加蓄水量来进行成规模的稻田养殖活动，进而弥补不能复种所带来的损失。资料显示，1988 年重庆市铜梁县通过种稻与稻田养殖相结合的冬水田经营方式，全县稻田养鱼达 10 万亩，稻田养鸭 1 350 亩，稻田种菜 1 500亩，而稻田种菇带来得收益更大。这种情况被时人称作"沉睡的冬水田苏醒了"①。通过综合开发利用，建立"冬水田立体农业"② 是改造"标准冬水田"的最佳选择。

从 20 世纪 90 年代后期至今，在外出务工潮的影响下，农村务农人口减少，冬水田的面积进一步缩减。据统计，1991—1995 年，全省年均冬水田面积 1 095万亩；1996—2001 年，降至 880 万亩；2002—2006 年，再降至 685.4 万亩；1991—2001 年，全省冬水田年均减少速度是稻田面积减少速度的 2.6 倍；2002—2005 年，此速度比增至 4.5 倍③。截至 2009 年，四川省冬水田的面积已减少至 570 万亩④。这些冬水田主要存在于地势较低的谷地和丘陵低处。

以上论述廓清了 1949 年以来四川冬水田的变化趋势。我在梳理相关史料后，整理出了 14 个统计年份中记录冬水田总面积的数据，制成图 3-2，以便直观地呈现四川冬水田的变化态势。

图中选取的统计年份多是在四川冬水田变迁史上具有转折意义的节点，以 1949 年为起点，1958 年前，全省尚积极发展冬水田，总面积保持在 3 000 万亩左右，当然这是在水利工程建设相对缺乏的情况下出现的。之后，1959—1961 年，受到"高指标""瞎指挥"等不切实际的行政命令的干扰，冬水田面积骤降，并带来了粮食减产的严重后果；之后，因水利政策的调整 1963 年全省冬水田数量又得以回升至 2 900 余万亩。自此后，随着配套灌溉工程的建设，农田水利化水平逐步提高，为冬水田的

---

① 重庆年鉴编辑委员会，重庆地方志编纂委员会：《重庆年鉴 1989》，北京：科学技术文献出版社 1989 年版，第 356 页。

② 朱永祥，马建猷：《冬水田立体农业技术》，成都：西南交通大学出版社 1991 年版，该书是对综合开发冬水田技术的系统总结。

③ 刘代银，朱旭霞：《四川冬水田管理和利用中存在的问题及对策》，《四川农业科技》2007 年第 12 期，第 5 页。

④ 杨勇：《适度恢复我省冬水田》，《四川农村日报》2011 年 11 月 21 日。

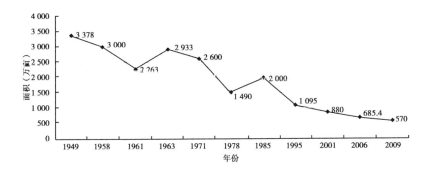

图 3-2　1949 年以来四川冬水田总面积之变迁示意图

改造提供了条件，其面积继续缩减，1978 年，全省冬水田面积降至最低的 1 490 万亩。1982 年始，"家庭联产承包责任制"实施后，冬水田的留蓄面积出现了一时的反弹。1985 年，全省总面积又维持在 2 000 万亩左右。但后来随着新的改造技术的推广及水利提灌技术的进步，冬水田面积持续缩减，最终降至 570 万亩左右。

小　结

四川冬水田自清代大规模推广之后，其"分散蓄水，分散用水"的特点适应了丘陵、山地的水稻种植需求。它的优势可弥补传统水利方式的不足，为山区的水稻种植事业开辟了新的用水途径。因而，四川丘陵稻区也形成了一套以留蓄冬水田为中心的耕作制度。这一耕作制度的形成，对于四川水稻种植业的发展有极大的推动作用，它使原来那些水利条件不具备的丘陵、山地通过秋冬时节的蓄水也能种植水稻。只是因为一年中长达数月的蓄水期，使土地利用率相对低下，复种率不高，农民则通过垦荒或发展旱地农业的方式以为弥补。这样的种植结构是四川冬水田耕作制度的常态。到 20 世纪 30 年代，在政府的倡导与农学家的积极努力之下，四川只种一季的冬水田得到改造。当时的改进策略主要是在不改变冬水田耕作制度的前提下，进行双季稻的推广以延长冬水田的利用时期，收到了一定成效。但由于旧式生产关系及社会经济条件的限制，这一时期四川的冬水田总面积变动并不大。抗战胜利之后，随着农业改进工作的衰落，冬水田又恢复如初。1950—1957 年，冬水田照常发展，且对粮食增产发挥着重要作用。1957—1961 年，受农业政策失误的影响，全省冬水田大面积减少，随之而来的便是粮食减产；1962年开始，在历经"盲目放干冬水田"的失败后，冬水田又得以逐步回升。20世纪70年代以来，在农田水利配套工程的逐步兴建下，全省冬水田呈现缩减态势。

在四川冬水田的变动过程中，我们可以看到那种单纯地通过减少冬水田面积来提高复种指数的改造办法，带来的结果是粮食总产量的不增反降。这是因为水稻种植面积下降，其产量减少，虽然小麦、油菜等作物的面积得以扩展，但其单产远不如水稻高，进而影响全省粮食的总产量。因此，在四川的粮食结构中，水稻与小麦此消彼长的关系一直存在，其主要原因就是因为冬水田面积的变动，如中华人民共和国成立初期，全省冬水田3 900万亩，水稻保栽面积近5 000万亩，1960年冬水田减为3 000万亩，当年水稻种植面积降为4 090万亩，全省水稻少栽800万亩，水稻比上年减产4亿公斤。70年代初，冬水田减为2 000万亩，全省水稻面积徘徊在4 200万亩左右，同样是损失水稻换来小麦、玉米。1980年调整作物布局，缩减小麦面积，水稻增产，粮食总产量也随之上升①。

---

① 马建猷：《论四川丘陵冬水的机制功能及对发挥水稻优势的战略意义》引自《大自然探索》，成都：四川科技出版社1983年第4期，第104页。

第四章

延续与革新：冬水田的修筑及改造技术

第一节　耕作技术

冬水田耕作制度是指围绕冬水田而展开的一套用地与养地相结合的技术体系，其主要包括作物制度与土壤管理制度两部分内容①。冬水田的核心在于"蓄水"，因而围绕此目的形成了独特的耕作制度。

一、冬水田的选择与作物布局

四川多丘陵少平原的地形特点，使其田地的种类也十分多样：田有坝田、山田；地有坝地、坡地。坝田与山田均有成为冬水田的可能性。

坝田指位于平坝地区的田，赖有堰水灌溉，其耕作制度为：大春以水稻为主，连年种植，向无变更；小春作物多为小麦、大麦、油菜、胡豆、苕子等，但种植安排每年不同，普遍情形为，以早熟的大麦、油菜、胡豆为水稻的前作，亦有第一年种小麦，则第二年小春必撒苕子。因小麦耗损地力严重，需要苕子充作绿肥以补土壤肥力。坝田因一年两熟，故肥力的缺乏是制约其保产、增产的主要因素。若水利失修或受土壤的肥瘠、肥料的供给、劳力的难易、市场的需要等因素的影响，部分坝田也会成为冬水田。山田以地势的不同，又分膀田、沟田两种。沟田冬季关贮冬水，年仅一熟，俗称一季田；膀田即梯田，因地形、水利、肥料劳力的影响，每年一熟或两熟。其耕作制度，常视能否关贮冬水为转移，田位较高者，关蓄冬水不易，年均两熟，冬作小麦或大麦；夏作红苕、

①　刘巽浩等：《中国耕作制度》，北京：农业出版社1993年版，第2页。

玉米或绿豆等，若大雨调和，则夏作仍栽水稻，俗称旱田或两用田。其田位较低者，通常关贮冬水[1]。

从四川的实际情况来看，山田无疑是冬水田分布的主阵地。无论是坝田，还是山田，蓄水环节均为留冬水田的关键。通常每年收获水稻之后，农民便会因地、因时整田蓄水以备来年。阚昌言在推广冬水田时便称：

> 劝民于秋成之后，各计量己之田亩，某某田与堰渠相近并蓄冬水；某某田留为艺麦之田，即合同沟共堰之人整治堰渠，照依各应得水分、应灌放日期，拨水归田，预为浸满[2]。

这里选择蓄水田的标准是靠近堰渠，以方便蓄水。另外，土壤的性状也是农民在蓄水时必须要考虑的问题，那些砂砾土质的田保水性差，农民通常不选择其作为蓄水田，而"黄泥田不宜小春，宜蓄冬水"[3]。冬粮曰小春。清代四川的小春作物主要包括，油菜、小麦、豌豆、菽等旱作。不种小春作物是冬水田存在的前提。乾隆《彭山县志》中称："农隙近水居民，筑堰蓄塘，其田或不种小春者，即放积冬水以待春耕"[4]。也有一些田因地势较低或接近水源，田中积水不易排干不利于种稻，故而便因地制宜地发展冬水田[5]。

农民选择冬水田这种蓄水方式的目的，在于保证翌年水稻能及时栽插，因而放弃了种植其他作物的机会。冬水田一年蓄水时间长达200天以上，从土地利用率上看，这种方式无疑是低效的。但农民对于如何布置冬水田则有自己的考虑。下面一则材料虽是反映的是贵州仁怀地区的情况，但也代表了农民在选择冬水田时的一种普遍想法：

> 厅属绵亘多山，耕作者率泽田少，而山田多。首里河西间有塘堰，必潴冬水，以待将来，不敢多种小春，恐妨栽插。土里一带，

---

[1] 孙光远：《增加粮食生产之轮作制度与间种法》，《川农所简报》1944年第6-8期，第22页。

[2] 同治《直隶绵州志》卷十《水利》。

[3] 乾隆《什邡县志》卷四《风土》。

[4] 乾隆《彭山县志》卷四《土俗》。

[5] 道光《中江县新志》卷二《水利》："邑境秋获之后，每有近溪沟难种二麦蚕豆之属，则蓄水满田，俟明春插秧，名曰冬水田。"

惟唐朝坝、水渐坝等处，长堰灌溉可恃，余则多半干田，都望随时雨泽，俗谓之望天田。大抵蓄冬水则杂粮固少，而泽田可靠，望天水则泽田虽歉，而杂粮足救[1]。

可以看出，保证水稻的基本收成是稻田蓄冬水的首要目的。因不能蓄水或蓄水不足所带来的正粮损失，通过种杂粮来弥补。当然那些既能种稻又可种越冬作物的两季田，被称为上上田[2]。另外，耕种低处梯田的农民也不一定每年都蓄冬水，他们通常会根据当年秋水的充足与否，来决定是否留蓄冬水田。若秋水缺乏，多系来年干旱之兆，一般情况下必种小麦，或其他粮食作物，希图两收，以防灾荒[3]。在人地关系紧张的情况下，即便是田中蓄水的冬水田，在田埂上也要种上其他旱地作物[4]。因此，四川地区的冬水田耕作制度往往是与其他类型的栽培制度相互结合。这点在冬水田最早兴起的德阳地区，表现得尤为突出。同治《德阳县志》卷十八《风俗》记：

　　泽农固多，山农亦不少，要皆种稻是务……至秋收后，又锄旧塍，加以椎击增高，然后……潴水其中，谓之蓄冬水。方春始和田，必先施一番耒耜。将种秧，又再耒而再耜之，多撒粪草，以俟栽插。插后，俟其条达，以足踏其泥而薅之，必至再后屡。以时启闭其沟洫塘闸，而泄之，旱则终夜不熄，此水田也。干田则于秋收后，即种荞与大小麦、巢子、芸薹子并淡巴菰、蚕豆、豌豆。俟收，乃插秧者不下十之五六。至山原沙砾之不能种稻者，夏间遍种粱菽、御麦、甘薯、蔗、落花生、瓜、麻之类亦十之三四。此山农、泽农之大较。

材料中所反映的清代德阳地区，无论是地处平坝地区水源充足的"泽农"，还是位居丘陵、山地水利不便的"山农"都是要种植水稻的。只是收割之后的稻田，除用于蓄水以备来年水稻种植外，还有一部分水

[1]　道光《仁怀直隶厅志》卷四《水利》。
[2]　民国《眉山县志》卷三："境内多稻，田半蓄冬水，其能兼种小春者，厥为上上（麦及豌豆、蚕豆、菜子，为小春）"。
[3]　孙光远：《增加粮食生产之轮作制度与间种法》，《川农所简报》，1944 年第 6-8 期，第 22 页。
[4]　同治《新宁县志》卷三《风俗》："田塍上种菽与粱"。

源有保障的田是不用留作冬水田的。这类田被当地人称为"干田"。大概有五六成的"干田"能实现一年两熟作物种植，其余的田因蓄水，一年中仅种一季水稻。

四川冬水田耕作制度是由三种类型的田：冬水田、冬囤水田与干田，与以水稻生产为中心的作物组合，构成的耕作体系[①]。这三类冬水田的功用也不尽相同：冬水田蓄水仅满足本身来年栽插用水；冬囤水田，田塍通常较高，蓄水较多，一亩囤水田能满足两三亩稻田的插秧用水，其"水深齐腰，谓之腰田"[②]；干田，冬季不蓄水，用水时需从囤水田中调配。

二、冬水田修筑技术

冬水田修筑主要包括三个方面的内容：其一，冬耕准备；其二，高筑田塍；其三，修筑补给沟渠。

首先，秋收之后及时翻耕稻田（图 4-1）是冬水田蓄水前的准备。《南川县志》称："农功以蓄水为要，秋成后，遇雨即犁田贮水，谓之关冬水。阡陌注满，次年春耕秋获，事半而功倍，故农家有'七月犁田一碗油，九月、十月无来由'之谣"[③]。类似的说法在四川其他地区亦有之[④]。对于犁田的时间，各地据气候与农事的不同也不尽相同。如川东大竹县通常为"九月犁田，犁后始耙，以蓄冬水。凡犁者以早为贵，迟至十月者即谓惰农"[⑤]。川南珙县至十一月才"整犁田块，蓄积冬水"[⑥]。收割之后的稻田若及早翻耕，趁"禾本与草未至枯萎，犁之田中，任自腐化，与踩青无异也"[⑦]。当然，早犁冬水田更有助于提高土壤肥力[⑧]。另外，若冬天再对冬水田进行一次翻耕使其土质更为疏松，对地力的恢复、

---

① 张芳：《清代四川的冬水田》，《古今农业》1997 年第 1 期，第 24 页。

② 道光《中江县新志》卷二《水利》："邑境秋获之后，每有近溪沟难种二麦蚕豆之属，则蓄水满田，俟明春插秧，名曰冬水田，亦曰笼田。邑境亦有为塘堰则水不足，积冬水则水有余，乃以其田深挖潴水，俟春夏之交小春收尽，分放他田，仍复插秧者，名曰腰田。谓不浅不深，人立其中恰在腰也"。

③ 咸丰《南川县志》卷五《风土》。

④ 民国《宣汉县志》卷五；道光《新宁县志》卷四《风俗》。

⑤ 道光《大竹县志》卷十九《风俗》。

⑥ 乾隆《珙县志》卷四《农功大略》。

⑦ 民国《宣汉县志》卷五。

⑧ 王廷栋：《早犁冬水田的坂田是提高肥力的重要措施》，《土壤通报》1964 年第 5 期，第 52 页。

保墒、保苗、除草、灭虫等均有好处①。重庆云阳地区的农民对此就有深切的认识，其县志中称："田重冬耕，俟获谷后决水漫田，泥融、犁之，勿使水涸，则次年邑治而苗皆遂"②。

图 4-1 秋收后及时翻耕准备蓄水

其次，高筑田塍。冬季维修田塍是水田农事的必要环节。保水性良好的田塍对于来年的水稻种植至关重要，农谚云："冬季修田塍，好比造皇城"，讲得便是这层意思。修筑冬水田田塍的具体操作办法是，水稻收获之后先"锄旧塍"，再"加以椎击增高"③。田塍的高度通常为"一尺至二尺不等" 所蓄用量便可达到"傍灌他田，且浸下秧种亦不缺水"④的目的。为了减少蓄水期间水量的渗漏，农民在修田塍的过程中，通常会用新泥涂抹之，以至于"弥月停泓、水不干"的效果。在传统水田作业中，农民修田塍时通常会用到塍铲、塍刀、铁锹之类的农具⑤。

最后，修补给沟渠。冬水田的水源主要有三：一是秋冬时引堰水、泉水蓄之；二是就地蓄积雨水及地面径流；三是利用秋收后稻田中之余

---

① 刘毅志：《土壤的耕作和改良》，济南：山东人民出版社1954年版，第10-12页。

② 民国《云阳县志》卷十三《风俗》。

③ 同治《德阳县志》卷十八《风俗》。

④ 乾隆《罗江县志》卷四《农事》。

⑤ （清）刘应棠《梭山农谱》之《耕器》记（北京：农业出版社1960年版，第12页）："塍铲，以铁为之，长阔四寸余。上有孔，不方不圆，空其中以受木柄。柄长六七尺，划畔用焉，外有塍刀，亦有圆孔以受柄，但形狭如长舌耳。有纵横二用，塍屈曲、铲方、不能施者，用刀直下；间有土润，亦入者，则省划力，用刀横下，用不同，事则一也。平原旷野之乡，则又用端、用锹以起土去云。"

水①。水田"关冬水"的过程中力求做到"严闭决口,使阡陌皆盈,涓滴不漏"②。在蓄水时,农民通常会在田边"作小沟横截,收天水入田中"③ 以为补给。

瓦格勒在《中国农书》中对梯田引水、保水、用水的记述,集中地体现了冬水田集水技术的核心。他说,高处田地保持水源的办法正是在每块梯田后面开挖一条引水沟。这条沟为相邻两块田的引水与灌溉提供了可能性。另外,为多蓄积雨水,梯田每隔一定距离便要开挖一个蓄水池,当干旱时可资灌溉,同时也可作肥料池(图4-2)。为了充分蓄水,田塍的高度可达40~50厘米,农民为在修筑田塍时会"在田野深处用混泥沙土尽量筑紧,在灰泥炼砖廉价的地方,也有应用这种材料的,或涂泥,因此物坚硬也不漏水"④。

图4-2　丘陵高处地中的水池兼作肥料池

三、冬水田的管理与耕作流程

(一) 冬水田的管理

1. 蓄水管理

冬水田在蓄水保栽插的同时兼具沤肥、杀虫、改善土壤结构等沤田的功用。所以,在其蓄水过程中,农民也会投入杂草、树叶等植物,沤

---

① 张芳:《清代四川的冬水田》,《古今农业》1997年第1期,第25页。
② 嘉庆《宜宾县志》卷三。
③ 乾隆《江津县志》卷六《食货志》。
④ 〔德〕瓦格勒:《中国农书》上册,南京:中山文化教育馆1936年版,第214页。

作绿肥以增地力，此称为压绿肥。在整个蓄水过程中，标准的压肥流程有三次：秋耕一次，冬耕一次，第二年春季草长叶生，还可以再压一次①。蓄水期间，除压绿肥外，更为重要的是田塍的维护与漏洞检查，定期巡查以防止水量的流失。农业集体化时期，还设立"专人专职"管水，其做法是"在每个生产队里，由群众选出一个觉悟高、热爱集体、做活精细、有管水经验的人做管水员，不做其他农活，专门管水。管水员的任务是负责全队塘、田、堰、坑的引水蓄水，查漏补漏，扎好田缺，做好石码头，加高局部矮小田埂，捶抹田边塘埂，保证冬春应有水量。管水员的工分一般略高于同等劳动力所得的工分"②。在个别地方对冬水田的蓄水管理做得极其严苛（图4-3），实行稻田"五不放水"：即犁田、施肥、育秧、栽秧、晒田都不放田水。1983年，农村实行生产责任制之后，四川省水利局总结了个别地方冬囤水田的管理办法，号召全省效仿。该办法首先将冬水田划分为：囤水田、深冬水田、一般冬水田、干田，四类分别由承包户专管，并由队与承包户订立合同，按照供水难度，确定收费标准，统收水费③。对冬水田蓄水、用水如此精细的管理措施，均是为确保有限水量发挥最大的效用，以保障稻田按时栽秧。

2. 分水办法

在秧苗栽插之前，囤水田将补给那些未蓄水的田。补给的方式要根据囤水田的位置而定。若需水的田与囤水田处于同一水平位置，因囤水田中水位通常高于田面，故可以直接开挖田塍，进行引流。而当囤水田位于地势较低的谷地或梯田底部时，便要借助提灌工具进行分水。道光《新宁县志》中记载："秋收后遇雨即蓄之，谓之关冬水，阡陌注满，望若平湖。其傍山麓与高阜处，名曰'蟒田'，同时亦潴水。然多未能足，尚望泽于春雨，偶值愆期，则用桔槔引平畴之水，层级而上"④。除桔槔

---

① 白夜：《冬水田》，《人民日报》1962年12月17日：在蓄水前要犁一遍，把稻梗翻到土下去，可以作肥料。在冬季以前，也要耕耙一遍，把案板草耕耙断根。这样可在水中压绿肥肥田。山上的桐叶、黄荆叶、马桑叶、水青杠、旱青杠等的青枝绿叶，都可以用来压绿肥。棉花秸、玉米秸、甘薯藤等农作物的秆子，也可以压绿肥。把这些东西放在水里沤上几个月，把水沤得透肥透肥的。那些沤不烂的秆子，还可以捞上来做燃料。我走到每个山沟里，都可以看到冬水田中压上了绿肥。压青除了在秋、冬季进行以外，春季草长叶生，还可以再压一次。
② 《四川省水利志 第4卷》，成都：四川水利电力厅1989年版，第155页。
③ 《四川省水利志 第4卷》，成都：四川水利电力厅1989年版，第165页。
④ 道光《新宁县志》卷四《风俗》。

图4-3 冬水田蓄水期间的日常管理

之外，翻车、连筒、戽斗等工具也有利用①。

（二）冬水田耕作流程

冬水田的耕作流程包括从开始蓄水到水稻收割整个过程，其核心虽在于蓄水，其他环节也不可或缺。关于冬水田耕作的部分流程，嘉庆《德阳县志》这样记述："大抵蓄冬水田必先施犁耙，俟插秧时多撒粪于田，始再犁而再耙之。既插，俟其条达、以足踏其泥而薅之"②。此段文字描述的是冬水田的犁耙、撒粪、再犁耙、插秧、耘籽（薅秧）这样几个耕作环节。再加上收获与犁田蓄水两个环节，就是冬水田耕作的全部流程。值得注意的是，在四川冬水田的耕作流程中，我们很少看到烤田这个环节，而烤田是江南地区水稻种植过程中的重要环节③。下面就冬水田耕作流程中的插秧、薅秧、收获与蓄水四个环节做如下详细阐述。

插秧，在四川插秧又称"栽秧"，先期用牛数头于田中遍行秒挂，使田水浑浊。之后，再将"秧聚成束，以一人遍撒各田中"曰"撒秧"。插秧时通常为十余人共同协作，其分工与阵型为"人驭五行，行列相间如井"。

薅秧，秧苗尚浅可以足踏泥而薅之，之后便是拔草。拔草时已是夏季，烈日炎炎，劳作的农民"水蒸日炙，躬鞠指掘，劳倦易生"。为鼓舞

---

① ［英］莫理循：《中国风情》，张皓译，北京：国际文化出版公司1998年版，第56页。

② 嘉庆《德阳县志》卷四《风俗·农事》。

③ 据《乌县志》记："小暑至立秋，计日不过三旬有奇，或荡或耘，必以田干裂缝为佳。干则根深远，苗干老苍。"冬水田耕作中没有烤田环节，这充分说明了其蓄水的主旨，因为放水烤田之后，蓄水还田并无充足的水源保证。

气势，于是有"薅秧锣鼓之组织"。据《王祯农书》记载："薅田有鼓，自蜀见之。始则集其来，既来则节其作，既作则防其笑语而妨务也。其声促烈清壮，有缓急抑扬而无律吕，朝暮曾不绝响"[1]。薅秧除了击鼓之外，还有传唱秧歌以助兴。

收获，时至水稻收获季节便是农人最忙的时候，四川各地水稻收割的方式也不尽相同：有的地方以 4 人为一组，配一伴桶，2 人收割，2 人脱粒，轮流互换，两道工序同时完成。有的地方则值"稻既熟时，全体割回，郁积数日，俟天晴明，铺晒地坝中，以牛驾石辊，拖而碾之，则颗粒自落，名曰'碾场''挞辊'"。

犁田蓄水，收获之后，旋即犁田、整地蓄水，以备来年之用。在蓄水不易的梯田型冬水田中，"刈稻时，先收低田，收毕耕翻，将上田之水放下盈田，每隔三四坵，照前陆续放注"，这样便能最大限度地减少水分的耗损，"来春，再得雨水接济，便可早插"[2]。

在光绪三十三年（1907）的《广安州新志》卷三十四中，对当地水稻的耕作流程有全面详细的记载。从中我们便可窥见普通水田与冬水田在耕作上的异同，其曰：

> 春初，粪田曰下粪。犁田曰翻春，犁治膏田。砥平曰平秧田。清明前，水浸谷种，包稻草中，生芽曰泡种。桐花开日，以谷撒田曰播种。数日决田水，使秧受露向日曰晒水秧。绿如针，催耕鸟来，牛耕益亟，曰赶谷雨。夜雨朝晴，以溺波秧曰催秧长。菽、麦收成，沟洫通水。负来连日曰整干田。届立夏，则分秧矣。遍召零工，入田取秧曰开秧门。稻草束秧，连肩成担曰秧马。平田比耦，使高低均平曰耙田。至陇撒秧就工，曰撒秧，蓑笠合群，聚向田间，煮松花，噬腊肉、饮酒，曰栽秧酒。秧插大田，东西一线，曰打直行，曰三酒、三饭，曰劳酒。小满而耘，植杖成云，绿树鸣鸠，歌声四起，曰耘田，曰唱秧歌望雨，曰小满雨。再二旬，耘，补秧去草，曰耘二次田。芒种有干田未栽者，望雨曰芒种雨；故曰："芒种须忙种，夏至不分秧"也。烧薙荒草，捣碎肥田，曰打禾灰。夏至，献新禾于神，曰早禾拜。夏至、大暑、小暑，稻实抽齐，开田去水，曰开禾沟。田水积放，以取鱼虾，曰收田鱼。新谷祀先，妇子会食，曰尝新。雇人收获，市议

---

[1] 王毓瑚校：《王祯农书·农器图谱集之四》，北京：农业出版社 1981 年版，第 235–236 页。

[2] 乾隆《什邡县志》卷十三《水利》。

工钱，日包工酒。立秋后始获稻，日开桶。二人腰镰获禾，二人打稻，日打对桶。四个人更迭打稻，日打穿桶。稚子持筐拾穗，日捡禾线。计日获收，日日工，计担获收，日担工。日四饭、二酒，日打谷饭。谷毕登场，犒工酒食，日洗桶酒。筑场晒谷，风车上仓，日收仓。翻晒稻薰，日晒草。收草于树，日草上树，田复塞口潴水，日冬田。泥涂田基障水，日糊田脚。叱犊累月，日犁板田。燥田、干田种菽麦，日种小春。

这段材料从布秧、栽秧、中耕到收获，整地种小春，全面详细地介绍了广安当地水稻生产的各个环节。从中我们也可看到，当地的稻田有冬水田与水旱轮作田两种类型。这两类田在耕作上的关键区别就在于：秋收后，冬水田"复塞口潴水"；轮作田则要"燥田、干田，种菽麦"等小春作物，待到翌年立夏前"菽、麦收成"后，赶紧"沟洫通水，负耒连日"为栽秧做准备。显然，在农事安排的上，冬水田比轮作田显得更为游刃有余。

四、冬水田存在的原因与功用

（一）冬水田存在的原因

关于四川冬水田大规模存在的原因，前文已做扼要说明。总体上看，四川多丘陵的地形以及易春旱的气候特点是冬水田出现的自然基础。正如地理学家胡焕庸所言："四川耕地除成都平原以外，俱属梯田，灌溉不易，故多蓄留冬水，以为来春插秧之用。川省冬季温暖，害虫不易冻毙，如蓄冬水可以绝灭害虫。又川省运输困难，肥料不多，冬季休闲可以节约地力。凡此皆为冬水田盛行之原因"[①]。1938 年、1939 年，中农所组织调查了全国稻田冬季休闲的情况，以探讨稻田冬季休闲的原因。在这两个统计年份中，四川稻田冬季休闲的比例分别为 56%、58%。四川稻田蓄水休养的主要目的是为对抗春旱，"蓄水保证来年插秧"。此外，保证一季稻的产量，蓄水沤腐稻根，保障春耕等因素，也是四川冬季稻田休闲的主要原因之一（表4-1）。冬水田蓄水防虫害在调查中所占百分比并不算高，不过这也并不能说明冬水田"蓄水防虫害"的功用不显著。在同一时期的其他调查中，冬水田的这一功用被着重强调[②]。

---

① 胡焕庸：《四川地理》，重庆：中正书局 1938 年版，第 11 页。
② 杨开渠：《四川省稻作增收计划书》，《现代读物》1936 年第 11 期，第 3 页。

表 4-1　1938 年、1939 年，西南三省冬季稻田休闲百分比及原因调查结果①

省份		稻田休闲百分比（%）	报告次数	各种休闲原因之次数百分（%）										
				缺乏人工	缺乏资本	缺乏肥料	不能排除积水	蓄水以备来年插秧	蓄水以防病虫害	蓄水以保持地力	蓄水以促进稻根腐烂	种冬作要减少来年水稻产量	种冬作要使土质变坏	种冬作有碍春耕
四川	1938	56	171	3.7	3.9	4.7	9.1	18.1	5.4	12.1	10.8	13.5	3.1	10.1
	1939	58	290	8.2	5.6	7.0	6.9	16.3	5.7	11.6	10.7	11.2	6.7	11.0
云南	1938	49	224	5.4	7.1	8.9	12.0	17.0	2.2	8.9	5.4	15.2	8.0	9.5
	1939	48	274	8.8	8.8	8.4	8.7	14.9	2.9	9.5	6.6	14.2	8.0	8.1
贵州	1938	72	314	8.0	7.0	8.3	8.0	11.7	3.7	8.6	8.4	11.5	6.7	12.3
	1939	64	406	9.1	5.9	5.8	7.9	12.5	6.2	12.3	9.4	10.6	7.9	12.7

（二）冬水田的主要功用

从冬水田的特点来总结其主要功用②如下。

第一，为丘陵山地的水稻种植，提供了新的用水途径。山区复杂的地形条件限制了大型农田水利工程的建设，故而小型化的水利设施是山区农田水利建设的主要选择，如陂塘、塘堰、泉堰等都是此类代表。但是，即便是小型水利工程也并不能满足山区种稻的用水需求。究其原因有二：一是因地形的限制难有持续水源保证。如川北地区的中江县"介万山中，溪涧浅隘不能富浚导沟隧之利"，当地农民若种稻"惟多潴冬水以为栽插计"③；乾隆《江津县志》也称："无泉源之处……不如筑塘及贮冬水之为善"④。一是因开挖塘堰成本投入大。尤其是在平畴土地紧张的地区，对于农民而言选择"损田蓄水"的塘堰，所付出的成本一定高于集蓄水与种植于一体的冬水田。所以，冬水田的出现弥补了其他水利方式的不足，为山区的水稻种植开创了新的用水形式。

第二，冬水田具有自肥功能，有助于地力的恢复，加之有稻茬与其他绿肥作物的肥料补充，使得冬水田产出较两季田要高出许多。四川方

---

① 《1938、1939 年，西南三省冬季稻田休闲百分比及原因调查表》，参见屠启澍《冬水田推广冬作绿肥之讨论》，《农业推广通讯》1945 年第 10 期，第 38-39 页。

② 关于冬水田的功用张芳在《清代四川冬水田》一文中已经进行了比较全面的总结，是本节论述的重要参考之一。

③ 道光《中江县志》卷二《水利》。

④ 乾隆《江津县志》卷六《食货志》。

志中记"因收过冬水之田，来年出产比较旱田为优"①。讲的正是这个道理。另外，陕西《南郑县志》也称："山田土较瘠，冬仍蓄水以养地力，兼防次年乏水，俗称冬水田"②。不难看出冬水田在地力恢复方面的优势。其自肥的内在机制，现代土壤肥料学的研究给出的解释是："冬水田休闲期间每亩增加的天然供给量，约为氮 2.74 斤、五氧化二氮 1.17 斤、氧化钾 6.22 斤"③。

第三，冬水田因地制宜、有利于适时地安排农事。因冬水田为一季田，且在年前便已完成蓄水。所以，其可以提前整田并适时栽插，有利于错开插口，保证水稻的按时种植。在以稻米为主食的地区，农民安排农事时多以水稻为中心，不违水稻之农时是其遵循的主要原则。因此，在无稳定用水保证前提下，两季田的选择就要考虑是否会影响来年的水稻种植。地势较高的田因成熟较迟，为了防止出现翌年春天不能及时腾田栽秧的情况，此类田通常为只种一季水稻，而放弃种植其他旱作④。故冬水田更有利于此类不适用作两季种植的稻田，进行地力休养与恢复。另外，冬水田能实现早栽早收，可减少害虫与秋寒风对作物的损害，《蓄水说》称："早栽则不被虫蚀，又不被秋风"⑤。

第四，冬水田有助于避免水利纷争。阚昌言推广冬水田的初衷之一，就是要消弭栽秧时，因水源不足而引起的水利纠纷。在《蓄水说》中，他这样记载德阳农民的用水习惯：

> 民于秋收，自谓既收获矣，既不蓄水，任水溯流大河，又多游行酣饮。至次年开春，度灯节后，始理田务，治堰渠。迨至沟堰筑，而水之泄入大河者已多矣。与其争水于水泄大河之后，何如爱惜水泉于未泄大河之先，为有益也；与其争之无补于田亩，何如预备于事先。工不劳而收倍之为快也⑥。

为此，阚昌言专门想出了两种解决办法：其一"预浸冬田蓄水"；其

---

① 民国《万源县志》卷三《食货》。
② 民国《南郑县志》卷三《实业》。
③ 四川省冬水田资源开发利用途径研究小组：《我省冬水田演变规律及改造利用的实践》，《四川农业科技》1984 年第 2 期，第 4 页。
④ 民国《万源县志》卷三《食货》。
⑤ 乾隆《罗江县志》卷四《水利》。
⑥ 同治《直隶绵州志》卷十《水利》。

二"密作板闸停水"。可见，四川冬水田的最初兴起与消弭水利纷争也有一定关系。这点在川西地区的河堰灌区内也有体现，如清代华阳古佛堰灌区内的冬水田，主要是为了避免用水高峰时节出现供水不足、进而引起水利纷争的情况而存在的①。

第五，冬水田有利于水土保持，改善生态环境。清代四川冬水田的兴起，促使丘陵地区梯田大规模地发展，梯田拦蓄山中泥沙的作用有利用水土的保持。另外，冬囤水田的蓄水可以提高区域内的空气湿度，改善小气候。同时，冬水田对地下水的补充也能维持区域水分的稳定②。

第六，冬水田可延长稻田种养殖业的利用时间。如稻田养鱼，普通稻田主要是利用秧苗生长期来进行养鱼活动。在冬水田中养鱼，可利用蓄水较多的囤水田实现全年无间歇养殖。同时，蓄水的冬水田亦可种植莲藕、菱角等水产提高土地的综合效益。

第二节　改造技术：20 世纪 30—40 年代冬水田的改造技术

20 世纪 30 年代始，政府从提高粮食产量的角度出发，提出改造四川冬水田的主张。对于冬水田是否能改造，又将如何改造？1938 年，中农所的英国顾问利查逊在调查研究后，也认为"总体上应尽量将冬水田改种冬作。具体可通过修建灌溉工程、塘堰、水库，或加高田埂增加蓄水量"③ 的办法，解决因冬水田面积减少而造成蓄水不足的问题。先前，杨开渠、杨守仁等分别主张从"延长冬水田利用时期"与"改变稻田蓄水制度"两方面入手对冬水田进行改造。考察本阶段四川冬水田的改造情况后，可以发现上述策略均被用于实践，具体的改造技术主要以发展双季稻、整修稻田水利、提倡绿肥三项为主。

一、实验、推广双季稻

双季稻又称连作稻，是指在一田之内，每年种稻二次。我国双季稻

---

① 《四川省水利志》卷四，成都：四川省水利电力厅 1958 年版，第 117 页。
② 王祖谦：《试论四川地区冬水田生态效应及培肥途径》，《西南农学院学报》1983 年第 3 期，第 3-5 页。
③ H. L. Richardson ， *SOILS AND AGRICULTURE OF SZECHWAN*，农林部中央经济实验所 1942 年印，p149.

起源地在珠江流域，东汉《异物志》中记载："稻一岁夏冬再种，出交趾"。宋代的岭南、福建、江西、浙江和江苏的广大地区都有双季稻的分布，并且奠定了明清乃至之后中国连作稻发展的地理基础①。明清时，南方双季稻的种植大规模地发展起来，但是四川仅有一县有种植双季稻的记录②。考究其原因，恐与四川农民留蓄冬水田的耕作习惯有密切的关系。相较于单季稻，同一田中一年中若种植双季稻，其总产出虽高于前者，而农民所付出的劳动以及种植成本亦高于单季稻。最早在四川提倡双季稻以改革冬水田的是水稻学家杨开渠。杨氏早年留学日本时便关注了高知地区双季稻的种植情况；1931 年归国后，任教于浙江地方自治专修学校时就开始在杭州试种双季稻③。1935 年，他受聘到四川重庆乡村建设学院任教授，讲授稻作学、麦作学。1936 年，他发表《四川省当前的稻作增收计划书》提出改革四川稻作制度、推行双季稻的主张，并积极开展再生稻的研究④。

---

① 游修龄，曾雄生：《中国稻作文化史》，上海：上海人民出版社 2010 年版，第200 页。

② 闵宗殿：《明清时期中国南方稻田多熟种植的发展》，《中国农史》2003 年第 3 期，第 11 页，记载："明清时期的双季稻主要分布在长江流域以南到北回归线之间，即北纬 23°26′~28°的中亚热带。据统计，明清时期这个区域种植双季稻的州县，浙江有 11 个县，江苏 2 个县，安徽 7 个县，江西 35 个县，湖南 7 个县，四川 1个县，广东 61 个县，广西 18 个县，共 190 个州县，其中 17 个州县的双季稻见于明代方志的记载，其余 173 个州县都是清代才有双季稻记载的，说明明清时期双季稻的种植91% 的州县都是在清代发展起来的，其中，广东、福建、江西三省又是南方双季稻种植最多的地区"。

③ 据杨开渠称："在杭州本无双季稻栽培者，作者于民国二十二年及二十三年（1933 年、1934 年），曾作试栽成绩颇有可观，在日本高知县，其气候更不及浙江之杭州，然其栽培亦盛行。"参见《四川省当年的稻作增收计划书》，《现代读物》1936 年第 11 期，第 8 页。

④ 杨开渠（1902—1962），著名水稻学家、农业教育家，祖籍浙江省诸暨县，早年留学日本习农学。1931 年 9 月之后，杨开渠归国，翌年受聘浙江省自治专修学校，讲授"农学大意"等课程，并在杭州开始试种双季稻。1935 年，杨开渠应聘重庆乡村建设学院教授，1936 年杨开渠转到四川大学任教，讲授稻作学，并主持稻作研究室的工作。中华人民共和国成立后，任四川大学农业院副院长，1956 年任四川农学院院长。参见中国科学技术学会编：《中国科学技术专家传略·农学编·作物》，北京：中国科学技术出版社 1993 年版，第 108 页。

（一） 杨开渠的水稻增收计划

杨开渠关于冬水田改进的主张，集中体现在他 1936 年发表的题为《四川省当前的稻作增收计划书》的文章中。当时，多数国人已经意识到了全面抗战的爆发早晚来临。为准备抗战，地处后方的四川的战略地位便凸显了出来，时人称其为"民族复兴的最后根据地"。为保障四川作为"民族复兴根据地"的地位，国民政府在工业、农业、文化教育方面均有重大的政策支持。在农业方面，积极改进传统农业提高粮食产量成为当时所有工作的重心。杨开渠的《四川省稻作增收计划书》是要着力解决如何在短时间内增加四川水稻产量的问题。

是时，四川地区水稻栽培的普遍情形是：大部分皆为一熟制，即自四月初旬播种，至五月中下旬移植，其后水耕二三次，至七月下旬或八月中下旬收获，迟至九月者极少。待到收获，则田面任其荒芜，直至十一月间，始将田畔之杂草，锄下置于田中，在畔上种下蚕豆，田中则灌水，用牛犁一两次以越冬。至翌年四五月再行种稻，即在水田之内、每年仅种水稻一次，而水稻久多系早熟种，为时不过四月[1]。这便是当时流行于四川稻作区的冬水田耕作制度。冬水田的最大优势在于蓄水保栽插，但因田中长年蓄水，其土地利用率相对低下。若在常年，四川以既有的冬水田所产之谷米，尚能基本满足川内对稻米的需求，但战时川粮除满足本省供给之外，还必须额外提供大量的居民口粮与军粮。据 1936 年四川的稻米产销情形推测，当时稻米是供不应求的，每年的缺额达 63 895 121 担[2]。在当时亟须提高粮食总产量的时代背景下，改造冬水田这种土地利用率低的耕作制度就显得尤为必要了。

杨开渠认为四川冬水田广泛存在的原因是防旱与防虫。冬水田"防旱"的成因大抵与四川的气候与地形关系密切。四川易春旱的气候特点与多丘陵山地的地形条件，使得大部分地区每年水稻栽插时，易遇干旱，进而影响水稻的及时栽插，若推迟栽插时间，则七八月间的夏伏连旱对水稻的产量影响更大，且山区梯田水源多无保障，因此便有了蓄冬水防春旱、保栽插的耕作习惯。冬田蓄水防虫是古代农民，在长期实践中总结出来的一套技术经验。明末徐光启在《农政全书》中便谈及棉

---

[1] 杨开渠：《四川省当前的稻作增收计划书》，《现代读物》1936 年第 11 期，第 3 页。
[2] 同上，第 2 页。

田冬季蓄水防止虫害的办法[①]。清代，在川着力推广冬水田的德阳知县阙昌言也说冬水田可以保证"来春庶可及时栽莳，可均水徧种，而不被虫蛀"[②]。自清代以来，冬水田这两大功用于四川的水稻种植事业的意义重大。但正如前文所言，冬水田长时间蓄水使其利用率颇低。因此，在特殊的时代背景下，杨开渠才会发出"今当危难邻近之际，尤复墨守旧法，不思所以改进，则来日大难，正不知将何以应付也"的感叹。

既然要改进冬水田这种传统的耕作习惯，必须要剖析其主要功用到底有无绝对的必要，或有无更好的替代办法。杨开渠在分析 1935 年四川 3、4 月的气候特征之后（表 4-2），认为四川的水稻在幼苗期"决不致患旱，及至成长期，适为梅雨期，雨量大增，不患不足。至成熟期，温度骤升，日照大增，田水日减，正促进早中稻之成熟"。

表 4-2　1935 年重庆北碚 3、4 月气象记录

月份	雨量（毫米）	雨天数（天）	云天数（天）	阴天数	晴天数（天）	日照时间（小时）
3 月	61.9	17	4	6	4	28.27
4 月	39.3	13	4	10	3	80.75

资料来源：重庆乡村建设学院 1935 年统计

所以，就四川水稻本身而言，天然降水便可满足其生长期间的需求，真正缺水的时段是 5 月初插秧时的集中用水期。插秧前须有充分的水灌注田内，使土壤松软方可插下，若水源不足，泡田不充分，秧苗的成活率低。四川冬水田的主要功用便是保证秧苗按时栽插。只是，杨开渠认为冬水田这种因"极短期间之插秧关系，乃不得不牺牲大半年之利益，其不经济孰有甚于此者"。对于稻田防虫的措施，杨开渠认为虽然稻田"冬季灌水实为良法"，但因防虫而放弃半年以上之种植，这也是最不经济的办法，应该采取更为积极的防虫手段，且从四川水稻的栽种特点来

---

① （明）徐光启：《农政全书》卷之三十五《蚕桑广类·木棉》，上海：上海古籍出版社 2011 年版，第 744 页，棉田连种"三年无力种稻者，收棉后。周田作岸，积水过冬；入春冻解，放水候干，耕锄如法，可种棉。虫亦不生"。
② 同治《直隶绵州志》卷十《水利》。

看，虫害之于水稻的为害甚小①。

而今再论，杨开渠对于冬水田主要功用的否定是有失公允的。其恐有为推行双季稻寻找依据的考虑。原因有二：其一，在论述四川降水量时，他所用降水数据为重庆乡村建设学院 1935 年于重庆北碚的观测结果。北碚位于嘉陵江畔，降水较多，这与四川总体上多春旱的气候特点并不符合。故其所用的降水数据，并不能代表全川的实际情况；其二，杨氏虽肯定了冬水田蓄水防虫的功用，但他认为稻田虫害为害甚小与可以通过其他办法来消弭虫害，并不足以说明冬水田在防虫害方面是无用的。另据川农所后来的研究统计"螟害为灾，常使水稻的损失达 10% 左右"②。故防治水稻虫害亦是当时农业改进的重要内容之一，且在防虫的具体办法中，灌冬水仍被采用，如 1938 年，中农所在彭山、眉山、犍为、宜宾、庆符、高县、筠连 7 县的毁灭越冬螟虫活动中，"有三千六百五十二亩的稻田采用了灌冬水的办法"③。虽然，杨开渠否定冬水田主要功用的两条理由，严格意义上都不成立，但是这也并不妨碍双季稻的推广。因为从这一时期推广双季稻的区域来看，川东长江流域无论从降水还是气温，均已具备双季稻种植的条件，选择不同的栽培方式种植双季稻，同样也可蓄水越冬。

从技术层面改进稻作主要包括品种改良、病虫害防治、水利建设、栽培方式变更、肥料技术的提高等方面内容。杨开渠认为四川当时最需要进行的是水稻品种的改良与栽培方法的改进。若要在短期内迅速见效，又当以改进栽培方式为重点。他着力要改变的水稻栽培方式，正是一年一熟的冬水田栽培方式。实验、推广双季稻制是杨开渠改进四川水稻栽培方式的主要技术手段，除此，他还提出可通过施行"干田直播法"与"栽培旱稻"的方式，来解决水稻插秧时用水不足或无水可用的问题。

如前文所述，杨开渠早年留学日本的见闻与在杭州的种植实践，使

---

① 杨开渠说："四川虫害为害之时期，以秋季为最甚，而川省之稻，皆早中稻。据作者去年观察，秧田期尚无螟卵之发现，螟蛾盛发期多在插秧之后，在抽穗期之白穗中，二化螟较三化螟为多，然二着皆为第一期之幼虫，且未老熟者。二期螟虫所害者晚稻而非早稻"。参见《四川省当年的稻作增收计划书》，《现代读物》1936 年第 11 期，第 4 页。

② 孙虎江，杨晓钟：《四川农业现状及其改进》，《四川经济季刊》，1945 年第 2 卷第 3 期，第 111 页。

③ 黄至溥：《四川水稻螟虫之研究与防治概况》，《农林学报》，1940 年第 7 卷第 1-3 期合刊第 17 期，第 25 页。

其对双季稻有较为全面的认识。从气温上来说，长江流域具备种植双季稻的条件，这点从明清时期南方双季稻的分布情况便能推知。杨开渠对此也有着清楚的认识，他说："凡常年平均温度在摄氏十度（10℃）以上者有八个月，而稻作生长期之平均温度在六十度（15.55℃）以上者，皆有栽双季稻之可能。以此推测，则吾国长江流域以南各省，实多于此标准。"①

在双季稻的栽培方法上，杨开渠说可分为间植与轮植两种。间植又称间作稻，具体操作办法是：早稻于清明日浸种，每日以温水淋3次，促其发芽。待稻芽有两三毫米，即可播种于秧田中。秧苗培养期间需做好水分与温度的调节，保证秧苗及早生长。插秧时节通常为立夏之后数日之内，插秧后一周内，及时补充肥料保证秧苗正常发育，二周之后耘田一次，到夏至初出穗，七月下旬便可收获。间作的晚稻苗，大概于谷雨前后完成育苗；芒种之后数日，再完成早稻的第二次耘田施肥后，便可将晚稻苗植于早稻行间，待早稻收割之后，如田中有水，则将早稻之断株用脚踩入田中，使其腐做绿肥；若田中无水，则用锄将断株掘碎，兼行除草，以待雨水或其他方式补充水源。晚稻收获时间大致在十一月上旬，即冬至前后。在我国稻作史上，间作稻的历史可追溯至宋代②，成书于明代的《农田余话》对间作稻做了最为全面的描述，其云："闽广之地，稻收再熟，人以为获而栽种，非也。予常识永嘉儒者池仲彬，任黄州陂县主簿，询之，言其乡以清明前下种，芒种莳苗，一垄之间，释行密莳，先种其早者，旬日后，复莳晚苗于行间。俟立秋成熟，刈去早禾，乃鉏理培壅其晚者，盛茂秀实，然后收其再熟也"③。此段关于明代闽广地区间作稻种植的描述，与杨开渠的论述有相似之处，可见传统农业技术的延续性。

轮作法，早稻栽培的时节及方式与间作法相同，区别在于晚稻。晚稻于芒种播种，至大暑早稻收获后，立即将田土耕起、整妥，及时栽插晚稻。插秧的时节通常为立秋前后10日左右，若晚于立秋之后20日，便不能收获。插秧之后一周，即施肥中耕，至立冬降霜之时收获，其间要施肥3次、中耕3次。与间作法相比，轮作法种植的双季稻在早晚稻交替

---

① 杨开渠：《四川省当年的稻作增收计划书》，《现代读物》1936年第11期，第7页。

② 曾雄生：《宋代的双季稻》，《自然科学史研究》2002年第3期，第259页。

③ （明）长谷逸真：《农田余话》卷一，自《笔记小说大观四编》，台北：新兴书局1978年版，第3640页。

阶段，对劳动力的需求很大，农民在收完早稻之后，又得急忙整田并插晚稻；加之四川盛夏时节多发伏旱，极易影响晚稻的及时栽插。所以，杨开渠根据家乡浙江诸暨县的经验，认为间作法更适合四川的双季稻栽培。推广间作双季稻之好处，具体有三：其一，延长冬水田的利用时期，以增加水稻生产；其二，间作早稻收获较早，可济农家青黄不接时之食用；其三，间作稻中之早稻、晚稻，在当地中稻之先后插秧，又在当地中稻之先后收获，可以充分利用人力并调节之①。1936 年，杨开渠转教四川大学农学院，并开展双季稻栽培试验工作取得成功。川大试验双季稻成功后，随即向上的呈报，并得到高层的重视。1937 年，蒋介石这样批复刘湘关于推广双季稻的请示："查试种双季稻一案，前据呈报，四川大学试验成绩甚佳，仰即前次颁发双季稻栽培试验方法及四川试验报告，令发各区农林试验学校于本年一律试种，并将试种情形及结果随时报查"②。自 1937 年始，在四川稻麦改进所的主持下，双季稻的推广工作"赓续试验研究，未尝中断"，并经 1939、1940 年两年，黄志秋在"泸县之努力，初基渐定"。1940 年，栽种间作双季稻示范田 20 亩，并引起农家密切注意。1941 年在泸县、合江、纳豀 3 县发动 100 户农家，推广双季稻 300 亩左右③。1942 年，川农所直接示范推广 10 550.10 亩④。虽然，从气候条件看四川"北起绵阳，西达成都，东迄万县，均可推行栽种"双季稻，但囿于"耕作制度及其他经济因子之所限制，则以川南、川中、川东及下川东等地为宜；即沿长江两岸及于各大河流之中下游"⑤。在具体的种植实践中，川农所的研究者经过 9 年的探索，对冬水田区的双季稻推行得出较为全面的认识：其一，在产量方面，上等肥田较种植一季中稻可增收 50% 以上，中上等肥田可达 40%，中等可达 20%~30%；其二，双季稻之早、晚稻品种搭配方面，以早稻沙刁子或南特号，晚稻浙场九号或晚籼为最适当；土地利用方面，以行距一尺二寸，株距寸为最

---

① 杨守仁：《改善四川冬水田利用与提倡早晚间作稻制》，《农报》1941 年第 22-24 期，第 488 页。

② 蒋中正：《令四川省政府据呈奉令转饬试种双季稻一案抄同稻麦改进所实施计划请核示等情令悉由》，《军政月刊》1937 年第 15 期，第 33 页。

③ 杨守仁：《改善四川冬水田利用与提倡早晚间作稻制》，《农报》1941 年第 22-24 期，第 487-488 页。

④ 管相桓：《四川稻作改进事业是回顾与前瞻（中）》，《农业推广通讯》，1944 年第 6 卷第 2 期，第 40 页。

⑤ 同上，第 37 页。

经济；劳动力分配方面，以早稻移植后 15 日开始，每隔半月中耕 3 次为适当①。

总体上看，民国时期四川双季稻的发展始终处于试验与初步推广阶段。其种植面积最盛之时是 1943 年的 7 万亩左右，主要分布在川南泸州、宜宾地区②。虽然，当时效果并未及时显现，但从长远来看，这一时期的双季稻试验与推广工作，在双季稻栽培技术的传播与种植经验的累积方面，为后来四川双季稻的发展奠定了基础。

（二）再生稻："二道谷子"的推广

再生稻，又名再撩、魏撩、传稻，稻孙（苏）、再熟稻。它是利用稻的茎基的再生能力，在稻穗收获之后，利用适当的温度、肥水条件，再行收获一次的栽培方式③。我国的再生稻栽培有悠久的历史，最早记录再生稻的文献是西晋的《广志》，其云："有盖下白稻，正月种，五月获；

---

① 1939—1943 年川东南各县双季稻主要配合增产效率表：

试验区域	早晚品种配合		超过一季中稻斤数(斤)		增产百分率（%）	
	早稻	晚稻	最高	最低	最高	最低
泸县	沙刁子	浙场九号	344.70	145.8	52.50	22.20
	南特号	浙场九号	164.25	104.02	26.29	18.69
	沙刁子	芦晚籼	201.00	182.02	36.73	32.15
	南特号	芦晚籼	189.31	137.00	29.93	22.01
内江	沙刁子	浙场九号	169.30	—	30.93	—
	南特号	浙场三号	—	124.00	—	22.66
荣昌	沙刁子	浙场九号	41.38	36.69	6.67	5.92
巴县	沙刁子	Ⅲ-18-202	85.87	—	19.06	—
	沙刁子	余姚早晚青	—	66.87	—	14.84
合川	沙刁子	浙场三号	—	—	33.14	—
	沙刁子	浙场九号	—	—	—	26.73
万县	沙刁子	浙场九号	136.51	62.27	60.68	28.12

资料出处：李先闻《抗战时期四川省粮食作物改进与前瞻》，《农报》，1946 年第 11 卷第10-18 合期，第 34 页。

② 孙盘涛等：《西南地区经济地理》，北京：科学出版社 1960 年版，第 28 页。

③ 游修龄、曾雄生：《中国稻作文化史》，上海：上海人民出版社 2010 年版，第190 页。

获讫，其茎根复生，九月熟"①。其后历代各地均有培育再生稻的记录。抗战时期，在增加粮食产量的农业改进总方针下，四川的再生稻保育工作由杨开渠等人提出，并主持推广。1937 年，四川大学农学院开展保育再生稻的试验成功，并发表《再生稻栽培浅说》一文向民间推广再生稻的保育技术。

再生稻在四川的推广也是为了适应冬水田的改造，以提高其粮食的产出率。在那些水、热量方面不具备栽培双季稻的冬水田地区，即可保育再生稻。尤其是在川东一带"冬水田比例达到 40%，该地区山势较高区域，水源充足，土壤过肥，水稻常有倒伏之不良现象，且川东南各县盛行栽培中稻，多于七月底八月初成熟收获后，即蓄冬水，稻田之利用极不经济，保育再生稻，既能地尽其利，又可使翌年水稻不倒伏，况需工不多，获益至大"②。保育再生稻的技术关键在于蓄留稻椿的尺寸。川大农学院研究得出"留稻椿一尺二寸至二尺五寸使其复生，并加以中耕施肥及治螟等处理，期待二次收获"，其产量可增加 25%～30%，且不妨害冬季蓄水③。1937 年，四川农业改进所在川东南 10 县推广再生稻25 000余亩④。之后，四川再生稻规模继续扩大，1941 年时重庆附近的24 县再生稻保育面积 40 余万亩，占全部冬水田 4%，其中以万县成绩最优，其他地区如江津、涪陵、长寿、泸县等均有极好的成绩，估计可增加稻谷约 16 万市担⑤。

四川再生稻的推广经历了一个艰难的过程。据参与推广工作的人所述，在再生稻推广初期，四川农民"多半固执陈见，墨守旧法"，其表现为：推广人员宣传说"谷子设法可以收二次"，农民"偏认为你是说闹热"，推广者说"并不费事就可成功"，农民说"这里找不出那样勤快的人"。总之，农民对再生稻这一新技术起初是不接受的。于是，推广者们便想出一系列的办法来改变农民的成见：其一，在宣传途径方面，先向

---

① （北魏）贾思勰：《齐民要术》，缪启愉校释，北京：农业出版社 1982 年版，第99 页。

② 管相桓：《四川稻作改进事业之回顾与前瞻（中）》，《农业推广通讯》，1944 年第 6 卷第 2 期，第 41 页。

③ 中农所：《各省推广概况四川》，《农业推广通讯》1940 年第 2 卷第 2 期，第 7-8 页。

④ 杨开渠：《再生稻试种结果》，《北碚月刊》1940 年第 3 卷第 4 期，第 58 页。

⑤ 无名氏：《陪都附近各县再生稻丰收》，《经济汇报》1941 年第 4 卷第 11 期，第107 页。

保长宣传再生稻的好处，再由其发动群众；其二，在宣传手段上采用更生动多样化的方式，如利用图表，宣讲地方成功发展再生稻的故事，将再生稻栽培方式歌诀化。下引一首宣传再生稻种植技术的歌诀：

> 同胞们，请听到，一年四季春为早。此地谷，收一道，不会利用再生稻。
>
> 将栽法，对你告，包你今年收得好。这种谷，不另找，就是当地水白条。
>
> 白脚鹅，六十早，清明以前就插了。田秧插，处暑到，这里成熟就割掉。
>
> 割谷时，最紧要，谷椿留约二尺高。可发芽，可长苗，要放谷椿被踏倒。
>
> 是肥田，只除草，灌水并不施肥料。是瘦田，施粪尿，每亩最多三四挑。
>
> 霜降期，割二道，多收谷子哈哈笑。种小春，正恰好，油菜麦子随你要。
>
> 或栽麻，或种苕，对你妨害无丝毫。花本钱，却很少，大家有饭吃得饱①。

一首简单明了、朗朗上口的歌诀，全面总结了再生稻的栽培技术要点，阐明了其优势，有助于农民了解、接受再生稻。从地域范围上看，四川推行再生稻之区域，自川西之新津、眉山而下，历川东南各县，至川东万县、云阳、奉节及其南各地，川中内江、隆昌、荣昌都可保育，其中，尤以川东地区发展再生稻的条件最优越②。与间作双季稻的推广相比，保育再生稻无论是在技术要求，还是在成本投入方面都要小很多。故此时推广的再生稻在规模与效果上，都好于间作双季稻的普及，其保育的技术要点也为农民所掌握并传承下来。1949 年之后，川南泸县地区农民，自发地蓄留再生稻的行为③，也就是此时推广再生稻技术的余音。

---

① 王慕唐：《温江再生稻宣传经过》，《建设周刊》1938 年第 6 卷第 6 期，第 23 页。
② 无名氏：《再生稻：二道谷子》，《田家半月报》1943 年第 10 卷第 14 期，第 2 页。
③ 四川省地方志编纂委员会：《四川省志·农业志上》，成都：四川辞书出版社 1996 年版，第 127 页。

二、整修稻田水利

四川 "农田，除成都平原及少数水利较佳之处以外，其余稻田灌溉，多靠天雨，而旧有蓄水池塘大多废弛，每因水雨不匀，致稻产歉收，故整顿本身稻田水利，实为增加稻米生产之重要工作"[1]。当时对于稻田水利的整顿计划，又与栽培制度的改变紧密联系在一起。1941 年，杨守仁在《改善四川冬水田利用与提倡早晚间作稻制》[2] 一文中，从地理位置、土壤结构以及保水能力等方面，将四川冬水田划分为如下三类。

第一型：标准之冬水田，位于丘谷中处，土黏，泥深，水多易聚而常较冷。就水而言，因位于丘陵地处，故水源丰；因土黏而深，故水难漏失，保水甚多而排水亦难；因地位较地，而地温、水温亦较低之关系，故水之蒸发量较少。因此，终年不干，积水甚易，而不宜栽培冬作。此类稻田大都宽大，为四川丘陵区之上等稻田，因水分无问题故水稻都能早栽，宜栽较迟熟之中稻，年收成有望。各处之正沟田及一部分坝田多属之。

第二型：可改变之冬水田，位于丘陵两侧地高傍山，呈梯形，土较黏而未必深，水源小而保水难。地形狭长极不规则，稻之能否准时栽下视冬季蓄水、春季雨量及当时雨水而定，宜栽早熟中稻，收成欠稳。各处之膀田，与平原中及平坝中之冬水田多属之。此类冬水田，如水源问题解决，大致可改变而种补冬作，唯冬作收成则未必好。

第三型：反常之冬水田，位于丘陵之高处或低丘之顶部，土壤带沙，水源极坏，蓄水极难，常赖当时天雨及人力灌溉而植稻，故水稻常迟栽或竟荒弃，乃原为杂粮地而勉强植稻，因此不得不蓄冬水，但又常无水可蓄者。田形常小，宜栽早熟中稻，收成不稳。各地之高处膀田及低丘之顶部稻田均属之。其冬蓄水或种植冬作，视秋冬雨水多少而定，如雨水太少亦常改种冬作，以求冬作之必得，唯杂粮地多年植稻之后，土性渐变，夏季已宜于植稻，故可能蓄积冬水时仍多蓄积冬水。

针对不同类型的冬水田，杨守仁认为可从改变冬季蓄水制度与延长冬水田利用期两方面着手改进。所谓改变冬季蓄水制度，主要包括修筑塘堰、实行冬水田立体蓄水制度以及改种旱作三大技术措施，此主要针

---

① 四川省生产计划委员会编印：《四川省经济建设三年计划草案·农林门·稻作》1940 年 10 月印（内部资料），第 8 页。

② 杨守仁：《改善四川冬水田利用与提倡早晚间作稻制》，《农报》1941 年第 22-24 期，第 485-487 页。

对第二、第三型冬水田的改造。延长冬水田的利用时期的对象是第一型冬水田。此类水田水源有绝对保障,可通过实行双季稻制的方式提高粮食总产量[1]。杨所说的"改变冬季蓄水制度"也正是当时整顿稻田水利的主要措施之一。早在 1940 年,在四川省生产计划委员会制定的《四川省经济建设三年计划草案》[2] 中,就已经提出整顿稻田水利的具体措施,其主要包括四方面的内容。

其一,改善稻田蓄水。川省稻田可分为坝田、沟田、膀田及山田四种,除坝田可种冬作外,沟田以地势卑低,仅能蓄水过冬,山田亦常自然干涸,种植冬作者外,膀田仍为改善蓄水之对象,亦即厉行多熟制、扩充冬作之核心区域。其具体的办法便是改平面蓄水为立体蓄水制度,即以原蓄冬水之膀田 1/4,乃至 1/3,放泄其水,仍分蓄上下层几块田中,上下层应加高原有田埂,以容纳之。蓄水方式的改革不但能保有原来之蓄水量,且能减少一部分面积七八个月长期之蒸发水量,其蓄水量至少可供翌年同面积水稻灌溉所需之用,故不但可以增加冬作又能节省耗水[3]。改变广大的稻田平面蓄水为立体蓄水,其办法是加高田埂,将邻近数亩之水田,蓄于一田,并提倡养鱼;反之不蓄冬水之田,则处理稻桩,种植绿肥作物,以减螟患,而增肥料;或种小春,以增收入。此计划在宜宾、江津、合川 3 县,设改良稻田蓄水示范区以实施。

其二,修理沟渠引用泉水。川省山中多泉,该计划要求省农业改进所与水利局,"应详细调查,组合各泉附近农民,贷以款项,指导修理沟渠,以资灌溉",并设立泉水灌溉示范区。

其三,兴筑塘堰,灌溉梯田。川省山区多梯田,单纯依靠冬水田并不能满足其灌溉之需,故须积极兴筑塘堰。其执行方案是,先通过办理塘堰贷款,指导工程,先整理废塘挖旧塘,并研究池塘渗漏之补救方法;次就大小川溪上游,广行筑坝,或就自然山谷筑坝,沿山开塘,造成梯田水系,以资灌溉梯田。兴修塘堰等小型水利工程又是改变冬水田的前提。

其四,增进灌溉设备。提灌是四川农田灌溉的重要手段之一,传统

---

[1] 杨守仁:《改善四川冬水田利用与提倡早晚间作稻制》,《农报》1941 年第 22-24 期,第 485-487 页。

[2] 四川省生产计划委员会编印:《四川省经济建设三年计划草案·农林门·稻作》1940 年 10 月印(内部资料),第 8-9 页。

[3] 施建臣:《四川省冬水田需水量之研究》,《水工》1945 年第 2 卷第 1 期,第 31-33 页。

社会中主要利用水车，尤其是筒车将低处的水提至高处的田中。清末美国人罗斯在游历四川时，便生动地描述了筒车提水的情形，其云："岷江水靠引力能到达大多数田地里，高地则由竹子建造的水轮水车提上去。水车像阜氏转轮一样的蜘蛛网，直直地站在沟渠上。水流击打着流进固定在水车轮四周的小竹筒里，一个竹筒装满之后，就会随着水车轮往上升，直到顶部，流到田里。竹筒和手臂一样大，两个竹筒之间距离有一定尺寸。农民采取这种方法，可以将水提到其原有位置的 35 英尺（约10.67 米）高的地方"①。在草案中计划拨款研发并推广新型水利提灌设备，以提高灌溉效率。有人称："如果有了蓄水及以资灌溉的设备，则冬水田均可改作冬季作物之用，农业可以增加"②。

上述四种整顿稻田水利的办法，其基本思路是要开辟其他水利方式，以代替冬水田，进而改变一年一季的栽培制度，以提高粮食产出。这一基本思路是正确的。1945 年后，尤其是因四川农业改进工作的衰落，这一时期所制定的改造冬水田的计划未能得到全部贯彻落实，其改造也以失败而告终。究其原因，从技术手段层面而言，农学家们所制定的改进策略虽是正确的，但当时的社会经济条件极大地限制农业改进工作的开展，改造计划终究未能贯彻执行。

三、绿肥与冬水田泡青

民国时期，四川农民所用肥料以厩肥为主，人粪尿次之，堆肥③再次之，"其余种类繁多，如动物毛、菜油饼、豆饼、绿肥、骨粉、石灰、硝土等均有使用。唯大部分是有机质肥料，其施用量视农家财力、肥料来源、土壤肥瘠，作物类别而异"④。虽然"农家肥料已尽量利用，但数量不够，农田仍感肥料不足，土壤与作物均显示养分缺乏"。就土壤性状而言，"川省土壤最缺氮素，次为磷素；磷素肥料对于黄壤及成都平原黏土最感需要"⑤。另外，四川农家的施肥习惯"偏重于氮素、钾素及有机物

---

① ［美］罗斯：《变化中的中国人》，北京：时事出版社 1998 年版，第 277 页。
② 陈正谟：《四川需要小型农田水利》，《四川经济季刊》1941 年第 1 期，第 154 页。
③ 堆肥是指把粪尿、草秆、落叶、淤泥、草木灰、渣滓，关乎农家一切废弃物，除有传染病之动植物外，都可收集堆积起来，使其腐烂，变为肥料。参见彭家元、陈禹平《元平式速成堆肥法》，《建设周报》1938 年第 1 期，第 5 页。
④ 彭家元：《四川土壤肥料概述》，《科学月刊》1947 年第 9 期，第 4 页。
⑤ H. L. Richardson ， *SOILS AND AGRICULTURE OF SZECHWAN*，农林部中央经济实验所 1942 年印，p2.

质方面俱多，而磷酸及其他矿质肥料施用，似觉过分欠缺"①。氮素虽在四川农民所施肥料中占最高比例，但其供需间仍存在较大缺口，故其仍为最紧缺类型的肥料②。对于如何解决肥料短缺问题，利查逊建议"从绿肥、骨粉之利用，及人造肥料之输入或制造上着手"③；土壤肥料专家彭家元提出更为全面的对策，即"提倡畜牧以增厩肥来源，广种绿肥及配合适当的轮栽法以培养地力，利用废物制造堆肥，改良土质，改良人粪尿储藏等，以减少化学肥料供给负担"；同时，应在四川"长寿、广元、灌县、五通桥等四川设立硫酸亚铁厂各一处，生产硫酸亚铁以供重要农作物之需"④。凡此数种举措于民国时期川省的肥料补充均有应用。就冬水田而言，因蓄水之故其本身有一定自肥功用，故较一般两季稻田其更节省肥料，但此时为提高复种指数，改造冬水田，无疑会加剧地力的耗损，进而需要更多的肥料以兹弥补。正如利查逊所言："冬水田改种冬作，将会比蓄水需要更多的肥料，除非冬季种的是绿肥作物"⑤。

绿肥是传统农家肥料之一，有运输方便，使用成本低等优点，而豆科植物充作绿肥又有良好的固氮作用。因此，在肥料缺乏的情况下，绿肥往往成为开辟肥源的重要途径之一。四川农民使用绿肥的方式常有三种：沤青，即"于秋末冬初之际，积聚生草于道旁田角以土拥之，待其腐烂后，遂施于田内"；泡青，即"将作物新鲜残叶等须投诸水田中，任其腐烂"⑥以为肥料；压青，即种植一季绿肥作物，多为紫云英、蚕豆、胡豆，待其茂盛时及时翻耕，掩入土中，又作"掩青"。冬水田多采用泡青的形式利用绿肥。四川农民早有利用绿肥的习惯，民国时期通过政府的倡导与鼓励，试图将这种习惯上升为一种全面的增肥策略。1940 年，

---

① 刘主生：《四川农家肥料》，《四川农业月刊》1934 年第 1 卷第 3 期，第 29 页。

② 据川农所统计，全省肥料含氮素约为 27 6707 981 市斤。磷之总供给量约为 15 986 376市斤。钾之总供给量约为 258 820 399市斤。兹以氮肥而论，设每年耕作春秋两季，所需之氮素每亩 6 斤，则全省耕地面积84 055 306市亩，应需氮肥共 504 331 836市斤与现有之供给量276 707 981市斤比较，则不足 227 623 975斤。参见彭家元：《四川土壤肥料概述》，《科学月刊》1947 年第 9 期，第 4 页。

③ H. L. Richardson，*SOILS AND AGRICULTURE OF SZECHWAN*，农林部中央经济实验所 1942 年印，p2.

④ 彭家元，陈禹平：《设厂制造硫酸亚化学肥料以增加四川农产》，《中国农民》1945 年第 5-6 期，第 72 页。

⑤ H. L. Richardson，*SOILS AND AGRICULTURE OF SZECHWAN*，农林部中央经济实验所 1942 年印，p148.

⑥ 刘主生：《四川农家肥料》，《四川农业月刊》1934 年第 1 卷第 3 期，第 27 页。

在中农所、川农所的号召下，绿肥作物紫云英在川推广，但时隔3年成效甚微。究其原因大致如下[①]：

（一）与冬作、冬水田相冲突。冬水田需要蓄水，两作田需要种小春，农民不肯放弃关蓄冬水，以免来春栽秧缺水；农民亦不肯放弃冬作，因为冬作有增多现金收入之益。

（二）与农民劳力冲突。成都平原全是两作田，冬水田极少，在冬季农民不能全种小春，因为劳动力不够，可以一部分稻田在冬季撒播苕子（紫云英），一方面可以调济劳力，一方面可以获得肥料，但在丘陵区百分之五十至百分之七八十是冬水田，冬水休闲费工很少，所有劳力可以充分用于两作田的小春上，不像成都平原劳力不够分配。

（三）与佃农收益冲突。四川租田惯例大春还租，小春收成完全属于佃农。苕子不能食用，又不能出售，一般农民自然不愿接受苕子而放弃小春。

（四）丘陵区水稻收成不稳定。成都平原，因灌溉便利，水稻收成极有把握，因此多施肥料可以产谷子；在丘陵地区，除沟田之水稻生产较为稳定外，而面积占百分之二三十至百分之五十之塝田，则大部分靠天吃饭收成极不稳定。在这个区域雨水充足与否是水稻收成的决定因素。此种塝田教农民放弃小春而种苕子，以作水稻之绿肥，先要牺牲小春，而水稻收成完全须看天时，农民当然不愿意接受。

（五）与水稻移植期冲突。成都平原水稻移植期在五月下旬，而川南、川东，水稻移植期在四月下旬五月上旬（注：今泸县苕子观察实验于四月二十九日收获），正与水稻移植期冲突，苕子收获移植水稻，其时已感忙迫，但苕子收获后移植晚稻则绝无问题。

（六）看苕子是一种杂草。在泸县示范苕子被当地军马食去，在璧山推广苕子，多被农民割去。看苕子是一种杂草认为不是农家栽培之作物，任意放牧或收割，栽种之农民无法劝阻，因此农民不愿意栽种苕子。

---

① 张乃凤，朱海帆：《四川省苕子推广报告》，《农报》1943年第13-18合刊，第175页。

一方面，农学家们指望通过推广紫云英等绿肥作物来改造冬水田；另一方面，农民根深蒂固的留冬水田观念，又造成了推广绿肥的障碍①。总之，推广一种新作物的关键在于与当地耕作制度及农民的种植习惯相适应，且不损害农民原有利益，或带来的利益大于所受的损失。苕子在川推广所遇困难的症结便在此。

在四川能充作绿肥的作物，除紫云英外，还有薯类作物的藤蔓、豆科植物及各种杂草、树叶等，尤其是甘薯、胡豆、蚕豆秆还田沤肥，相当于废物利用。前文已经谈及民国时期四川解决肥料短缺的诸般方法。但就冬水田而言，出于提高复种指数而改造冬水田的后果之一便是需要对土地进行更多的肥料补充，只是这一时期改造冬水田的呼声较大，但囿于耕作习惯、租佃关系、水利条件等诸多因素的限制，真正得到改造的冬水田面积并不大，尤其是改造为水旱两季的冬水田更少。于是，另一种改造思路便应运而生了（主要是在1945年之后），既然不能以提高复种指数的方式来增加粮食总产，那么就重点保障一季中稻的稳产、高产。根据农民的实际经验，冬水田只种一季中稻的投入产出比，高于改种两季。因此，在彭家元的号召下，农民更加重视通过"泡青"的方式来保持冬水田土壤的肥力。

如上文分析所言，推广栽培绿肥作物难免会占用粮食作物的生产时间与空间，对土地利用也不经济。因此，彭家元等人通过研究扩大了泡青物的来源，将更为廉价、便利的植物，如乌桕、甘薯藤、杂草、黄荆、爬山豆等用作泡青材料。将这些植物充作泡青物既不占生产面积，亦不损其燃料价值②，且无须特别栽培并可减少农民负担。紫云英、胡豆等绿肥作物肥效虽较佳，然"经过栽培手续，除占用土地外，人工肥料之负担亦属重大"，而采用以上这些植物作泡青材料，这些问题均可避免。同时，四川大量的荒山隙地则可用作栽培乌桕、黄荆，不仅能使荒地得以

① 1945年，屠启澍还在倡导利用冬水田推广绿肥作物，由此再次证明了前期四川的绿肥推广工作并未达到预期效果。参见《冬水田推广冬作绿肥之讨论》，《农业推广通讯》1945年第10期，第37-40页。

② 彭家元等："甘薯藤、花生藤为正常作物之副产物。当花生、甘薯收获后，大量产出，除一部分用作饲猪青料外，一时无法尽量利用，多晒干作柴。如用为泡青实为经济且不占生产面积，至于黄荆、乌桕为野生灌木，每年八月末农家多以薪。惟经多日晾晒期，叶片皮裂，随风飞散，富于有机质部分损失尤多。如用作泡青材料，行分解后取出之物质仍不失为其燃料价值，利用其费力成分增加生产，诚一举两得。"参见《四川冬水田泡青之研究》，《科学月刊》1947年第15期，第3页。

利用，且可起到保持水土的作用。这些植物泡青是否也能起到增肥、增产的效果？彭家元等人通过 3 年的对比研究，最终得出结论："利用野生植物泡青最低可增产百分之十，或更可达百分之二十以上，且简单易行，费微效著"。

当时，"川省冬水田泡青区域虽广，仍未普遍，且受泡青材料之限制，仅秧田大量应用，本田采用者尚少"①，彭家元等人的这一研究扩大了泡青植物的来源，为除秧田以外的普通冬水田泡青提供了新的技术路径。故他称"一般冬水田则有树立一良好泡青制度之必要"。鉴于时局变动及 20 世纪 40 年代后期四川农业改进工作的回落，彭家元提倡的建立冬水田泡青制度的建议没来得及在全川实施，但其对泡青物来源的扩展及泡青技术的研究，在后来得以普及应用②。由此可见，评价一项技术推广的成效是需要一定的时间，而农业技术的延续性也并不一定会受政权更迭的影响。

第三节　改造技术：20 世纪 50 年代后
冬水田的改造技术

1949 年之后，四川冬水田的改造除延续民国时所采用的基本技术路线之外，又开发出一项更具特色的新技术——半旱式免耕连作栽培技术。这项技术是 20 世纪 80 年代，由西南农业大学土壤学家侯光炯为解决冬水

---

① 彭家元等："甘薯藤、花生藤为正常作物之副产物。当花生、甘薯收获后，大量产出，除一部用作饲猪青料外，一时无法尽量利用，多晒干作柴。如用为泡青实为经济且不占生产面积，至于黄荆、乌桕为野生灌木，每年八月末农家多以薪。惟经多日晾晒期，叶干皮裂，随风飞散，富于有机质部分损失尤多。如用作泡青材料，行分解后取出之物质仍不失为其燃料价值，利用其费力成分增加生产，诚一举两得。"参见《四川冬水田泡青之研究》，《科学月刊》1947 年第 15 期，第1 页。

② 记者白夜于 1962 年冬报道过川北地区盐亭县冬水田泡青的情形："山上的桐叶、黄荆叶、马桑叶、水青杠、旱青杠等的青枝绿叶，都可以用来压绿肥。棉花秸、玉米秸、甘薯藤等农作物的秆子，也可以压绿肥。把这些东西放在水里沤上几个月，把水沤得透肥透肥的。那些沤不烂的秆子，还可以捞上来作燃料。我走到每个山沟里，都可以看到冬水田中压上了绿肥。压青除了在秋、冬季进行以外，春季草长叶生，还可以再压一次。"可以看出泡青材料来源更加广泛了。参见白夜《冬水田》，《人民日报》1962 年 12 月 17 日。

田区稻田深脚、冷浸、土壤结构不良等弊病而创立的一种新型稻田耕作技术[1]。如前文所述，四川的水田有坝田、沟田、膀田之分。坝田居于小平原中；沟田即沟谷中之水田；膀田即山坡梯田[2]。这三类田在无灌溉工程保证之下，均可成为冬水田。从蓄水难度来看，梯田型冬水田蓄水最为不易，沟田型冬水田最易，坝田居中。故在发展冬水田时，那些位于山坡高处的梯田是蓄水保水的重点区域，坝田与沟田中的冬水田蓄水相对容易，往往大雨过后，众流汇入，即可蓄满田水，且这类田地质凝重，保水性好。因此，在杨守仁的划分中，沟田与部分坝田被称为"标准型冬水田"，梯田型冬水田则被认为是"可改变的冬水田"。从改造的难度来看，梯田型冬水田完成"水改旱"的难度要比沟田、坝田小得多。20世纪50年代以来，四川冬水田改造的基本手段仍是"放干蓄水"与"修筑囤水田来减少冬水田总面积"两种办法。直到80年代初期，因很多沟田型冬水田排干田中积水十分不易；加之，土壤长期泡水之故，造成土质冷浸、湿害大，栽插水稻极易倒伏，土壤中还原性物质过多、病害较多。据1986年统计，四川省有冬水田2 000万亩，其中，约有600万亩沟田型冬水田存在严重的土壤问题，被称为"冷烂冬水田"[3]。

在民间"冷浸田"有"冷水田""烂泥田""锈水田""鸭屎泥田"等别称，是低产田。形成冷浸田的主要原因有水温、土温过低，有效养分缺乏，土粒分散、土烂泥深，还原性物质过多；而改造冷浸田的技术手段主要有开沟排水、降低地下水位，冬耕晒田，增施肥料，兴修迂回水道，辟山荫、增强光照，掺砂入泥、改善土质[4]；另外，改革耕作制度、实行水旱轮作，改变栽培方式、实行垄作，也是改造冷浸低产田的技术路径。

四川的冬水田一年虽长期处于水淹状态，但并不是所有冬水田都是冷浸低产田。在改造冬水田的过程中，冷浸类冬水田无疑是需要被重点

---

[1] 朱永祥，马建猷：《冬水田立体农业技术》，成都：西南交通大学出版社1991年版，第12页。

[2] 郑励俭：《四川新地志》，南京：中正书局1947年版，第68页。

[3] 高仁强：《水稻半旱式栽培是改良利用冷烂冬水田的有效途径》选自《水稻半旱式栽培和稻田综合利用》，成都：四川科技出版社1988年版，第118页；这部分田主要分布在山区谷地和丘陵低洼地段，排水不畅，地表流水聚集，地下水位高，地表水地下水相连，田块终年渍水，使其土壤粒高度分散，泥脚深烂，插秧难稳苗，水稻生长后期极易倒伏，亩产比一般田低50千克以上，加之一年仅能一熟，严重影响了粮食产量的提高。

[4] 唐先来：《冷浸田的低产原因及改良措施》，《安徽农学通报》2007年03期，第58、78页。

改造的对象。故研究者开始探索新技术，以改造此类冬水田。半旱式栽培技术正是在这样的背景下应运而生的。据侯光炯称，自 20 世纪 50 年代开始，冬水田低产这一问题直接影响全省粮食总产量的提高。他认为需"狠下功夫，弄清成因，对症下药，切实研究利用改良的技术，一次做出大面积、大幅度提高粮食产量、产值和品质的有用成果"[1]。最早发明水田半旱耕作技术的是四川资源研究所的农业专家莫先武。在 1978 年四川省农学年会上，莫先武提交论文《杂交水稻半旱稀植高产试验初报》首次提出"水稻半旱式栽培法"，次年以该法于成都近郊外示范种植水稻 22亩，并在彭县、泸县等地试种，全省试行约 30 亩[2]。1980 年，侯光炯邀请莫先武到他所主持的四川长宁县相岭农业综合实验研究所，进行水稻半旱式栽培演示。之后，侯光炯又创造性地将鲁宗仁发明的小麦湿板田免耕栽培法与之结合，最终创制出一套"水稻半旱式栽培免耕连作技术"[3]。

一、半旱式免耕连作技术

水稻半旱式栽培技术的关键在于田中起垄、作埂，其适用对象是那些位于"阴山夹沟田、锁田、冷浸田、深脚田、大肥田及常年坐蔸、倒伏的低产冬水田"[4]。其具体操作技术为：首先，于水稻收获之后，旋即翻耕，整地耙田，筑高田坎，蓄水过冬；其次，于栽秧前一周左右，关水 10~15 厘米深，并在田中作好初埂，待栽秧前两三天再次补埂。作埂时需按照不同的土壤、品种、栽培方式设定埂的宽度，再确定准绳，沿沟道向前推进。作埂的技术要点为：

> 人向前从沟内抱起泥土，双手（或用爬网）沿准绳线垂直插入泥内，抱起泥团，轻轻放在绳子一边，要放整齐，以水平为度，不要触线，更不可从线两边抱埂，要尽可能抱整块的泥垡作埂，并使埂面新叠制的土块最好能保持原有的结构，切不可用力压紧或抹光

① 侯光炯：《我是怎样研究发现自然免耕的一些重要机制和技术要则的》，《西南农业大学学报》1987 年第 4 期，第 1 页。
② 侯光炯：《水田半旱耕作技术》，成都：四川科技出版社 1985 年版，第 1 页。
③ 侯光炯：《我是怎样研究发现自然免耕的一些重要机制和技术要则的》，《西南农业大学学报》1987 年第 4 期，第 1 页。
④ 朱永祥，马建猷：《冬水田立体农业技术》，成都：西南交通大学出版社 1991 年版，第 17 页。

埂面，以免破坏土壤结构①。

水田作埂之后，须保证所有田埂面在同一水平线内，力求做到"埂平沟直，埂面和沟底深浅一致，沟内水流畅通"②。（图4-4）作埂完成之后，需将水灌至埂面，保证土壤松软。以利栽插。

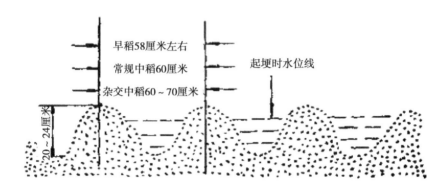

图4-4 冬水田半旱式耕作剖面③

作埂之前，须先施用农家肥以为"垫底"之用，栽秧后一周左右再施肥一次，以为"接力"。水稻半旱式栽培插秧时，须将"秧苗栽植于埂脊两侧边缘靠水而稍下，每条埂上栽两行，行距17~20厘米"④。（图4-5，图4-6）

图4-5 栽秧规格与栽秧后的水位线

---

① 朱永祥，马建猷：《冬水田立体农业技术》，成都：西南交通大学出版社1991年版，第17页。

② 同上。

③ 图4-4、图4-5、图4-6均来自朱永祥，马建猷：《冬水田立体农业技术》，成都：西南交通大学出版社1991年版，第17页。

④ 四川省农牧厅粮食作物生产处编：《水稻半旱式栽培和稻田综合利用》，成都：四川科技出版社1988年版，第4页。

图4-6　半旱式水稻栽培

栽秧后秧苗的田间管理：排灌、追肥、除草防虫等农事一如普通稻田。从技术理念上来看，半旱式栽培法与我国古代垄作法有异曲同工之妙①。它们都是通过平地起垄的方式，改平面种植为立体种植，以改变作物原有种植环境中的不利因素。采用半旱式栽培的水稻，在收获后利用湿润的环境维持疏松的土壤结构，可实现免耕，并可连续种植其他作物，以实现一年两熟制。

在实践中，人们借鉴半旱式垄作水稻技术的原理，发明了冬水田半旱式免耕小春耕作技术（图4-7）。其主要操作手段是在冬水田中稻收获之后，开沟做厢，在厢面上接种一季小春，如小麦、油菜等作物。通过这一技术便可以实现冬水田中的水旱连作。从技术内核来看，这与《王祯农书》中所记载那种"起墢为鳞，两鳞之间自成一畎"的水旱轮作技术有高度相似之处②。湿害无疑是冬水田改种旱作的最大障碍。为此，四川农民在实践中，根据各地不同的环境条件分别总结出水厢式与旱厢式两种作厢方法，以适应不同的种植需求。在四川推广冬水田半旱式免耕小春耕作技术的地区，水厢式栽培法以自贡为代表，旱厢式栽培法则以合川最具典型。水厢式的做法是：于水稻收获之前放掉田中部分蓄水，待收割后立即作厢。厢的具体规格大致为厢宽2.8尺，间距4尺，沟深1尺左右。厢成之后，保持沟中蓄水过半，待到土面脱水略干后，便可播种小春作物。整个小春作物生长期间，沟中蓄水保持在6寸左右为宜。旱厢式的做法是：

---

① 关于垄作技术的发展演变，可参见郭文韬《再论中国古代垄作耕法》，《中国农史》1992年第2期，第77—80页。

② （元）王祯：《农书》之《农桑通诀之垦耕篇》，王毓瑚校，北京：农业出版社1982年版，第22页；南方水田泥耕，其田高下阔狭不等，一犁用一牛挽之，作止回旋，惟人所便。（高田早熟，八月燥耕而㶽之，以种二麦。其法起墢为鳞，两鳞之间自成一畎；一段耕毕，以锄横截其鳞，泄其水，谓之"腰沟"。二麦既收，然后平沟畎，蓄水深耕，俗谓之再熟田也。）

在水稻黄熟期便彻底放干田水，将土壤龟裂晒白，充分排干积水，待到水稻收割后，趁晴天开沟起厢。规格为：每隔3.6尺作一厢一沟，厢宽3.8尺，沟深0.8~1尺。踩沟前先挖破土壤表皮2~8寸，再将沟里的泥土覆于厢面，通过短期的晒白熟化，就可播种小春。在小春作物生长期间，沟内不蓄水，但厢体仍需保持湿润。小春收获后，灌水淹没厢面，"不用犁田也不耙田，只用再扒疏松一下，进行施肥，清理沟后即栽秧"①。

图4-7　大面积推广的水稻半旱式栽培②

同一技术的作厢方法，之所以要分为水旱两种，这是由不同地区的气候条件所决定的，"自贡市位于川中丘陵区，全年日照1 221.4小时，降水量1 040.7毫米，10月至翌年5月总降水量为318毫米；合川位于四川东部，全年日照1 330.1小时，降水量1 112.3毫米，比自贡多71.6毫米，10月至次年5月总降水量为496.7毫米，比自贡同期多178.7毫米。因此，在小春作物生长期间，降水量较大的合川选择旱厢式的技术路线更有利于克服湿害。自贡市降水量相对较少，采用水厢式以保持冬水田的蓄水功能，也是切合实际的。"③ 在分析四川冬水田广泛存在的原因时，研究者已经指出，四川秋冬多雨与春季少雨的气候特点是重要的因素之一。故农民选择这种提前蓄积秋冬时节雨水，以为第二年栽插水稻的办法。只是各地秋冬季节的具体降水量也有所不同。因此，我们会看到各

① 梁碧波，罗大刚：《四川冬水田半旱式免耕小春耕作技术考察报告》，《耕作与栽培》1991年第5期，第3—6页。

② 四川省地方志编纂委员会：《四川省志·农业志上》，成都：四川辞书出版社1996年版，第4页。

③ 同上书，第5页。

地文献中对于何时蓄水的具体要求也不尽相同。既然降水量的多少会影响各地冬水田蓄水的期限。反过来，在改造冬水田时，也因降水量的差异催生出了不同的技术路径。

二、半旱式免耕连作技术的优势与影响

从土壤保护角度看，半旱式栽培法"在精耕细作的基础上，综合采用连续垄作、连续沟水浸润、连续免耕、连续植被四个技术措施，从而导致垄埂土壤始终在上升毛管水不断浸润之下，保证土壤柔软湿润，不会形成干硬板结的土块。"[1] 从土地利用方面看，半旱式栽培法为低产冬水田的改造开辟了一条综合利用之路，即作物种植与水产养殖相结合，提高其综合经济效益。自 1983 年始，半旱式免耕作连作栽培技术开始在我国南方 7 个主要水稻省份推广。1984 年，四川省已推广半旱式栽培165 000亩，改造冷烂低产田效果显著[2]。另据 1985 年，四川省水稻半旱式栽培考察组，在实地考察调研武胜、乐山、井研、富顺等县市后的统计，这些被考察地区采用半旱式栽培的水稻总面积已经达到 164 252亩，且亩产稻谷 441～606.5 千克，比传统栽培方式每亩增产 33～11.5 千克，最高增产者达 179.5 千克[3]。到 1986 年，全省已有 143 万亩的冬水田采用半旱式栽培技术，其中"垄稻—沟鱼20.6 万亩，垄稻—沟萍 4.8 万亩，垄稻—沟鱼萍 0.73 万亩，垄稻—沟笋 0.74 万亩"[4]。以西充县为例，1987 年该县以一块面积为 1.2 亩的冬水田为试验田，对其采用半干旱式稻麦（油）免耕连作法进行耕种试验。表 4-3 是 1986—1989 年，该实验田所采用不同栽培方式的产出明细。

表4-3　四川省西充县冬水田半干旱式稻麦（油）免耕连作试验产出

年份	熟制（年）	种植方式	产出效益			
			稻谷（千克）	小麦（千克）	油菜（千克）	鱼笋（千克）
1986	一熟	冬水—水稻平面栽培	489.00	–	–	–

---

[1] 侯光炯：《我是怎样研究发现自然免耕的一些重要机制和技术要则的》，《西南农业大学学报》1987 年第 4 期，第 2 页。

[2] 侯光炯：《水田半旱耕作技术》，成都：四川科技出版社 1985 年版，第 1 页。

[3] 朱永祥，马建猷：《冬水田立体农业技术》，成都：西南交通大学出版社 1991 年版，第 14 页。

[4] 四川省农牧厅生产组：《提高我省 1987 年水稻产量的三大意见》，《四川农业科技》1987 年第 2 期，第 4 页。

（续表）

年份	熟制（年）	种植方式	产出效益			
			稻谷（千克）	小麦（千克）	油菜（千克）	鱼笋（千克）
1987	一熟	冬水—半干旱式栽培	575.00	—	—	—
1988	两熟	半干旱式麦—稻—笋免耕连作	623.00	195.00	—	106.50
1989	两熟	麦（油）—稻—笋免耕连作	644.30	291.30	111.80	212.70

可以看出，改用半旱式栽培之后，冬水田的粮食产量明显得到提高，加之作物熟制的变化及稻田养殖的开展，使水田的综合经济效益得以发挥。1988 年该县冬水田的粮食亩产 818 千克，亩产值 824.80 元；1989 年粮食亩产更是升至 935.6 千克，亩产值达 1 078.30 元①。

冬水田实行半旱式栽培技术后，一改过去那种简单放干、粗放的改造方式。在水旱轮作的技术路线上，探索出了一条更为切实可行的冬水田改造办法。不仅降低了改造成本，也可实现提高土地利用率及粮食总产出的目的。因此，自这种技术推广以来，各地的冬水田得到更为有效的改造。1990 年以来，四川冬水田面积的迅速缩减与此有着密切的关系。

三、"镜子田"变"聚宝盆"：冬水田的综合开发

在改造实践中，各地结合不同的情况，针对冬水田的不同类型，综合运用自民国以来所有改造冬水田的技术手段。人们将与冬水田改造相关的所有技术，统称为"冬水田综合开发技术"，其主要包括四种具体的开发模式。

其一，蓄留再生稻。四川发展再生稻肇始于民国时期，只是当时再生稻推广的规模有限。20 世纪 50 年代，杨开渠再倡四川发展再生稻，但囿于品种及栽培技术的限制，当时亩产一般只有 10～20 千克，故亦未能大范围推广。70 年代后，随着国内外对再生稻研究水平的提高，四川省农业研究所成功培育出适合再生稻培育的优良品种如南京 11 号、科字 5 号、IR29、IR24 等，并摸索出不同品种培育再生稻的生育期限，为再生稻的推广创造了条件。在技术问题得以解决后，1976 年，全省

---

① 庞天荣：《冬水田半干旱式稻麦免耕连作》见《西充县文史资料》第十三辑 1994 年印刷（内部资料），第 93 页。

蓄留再生稻4 000多亩，翌年便增至24万亩；1978年，种植范围扩展至全省90多个县，面积达28万亩。20世纪80年代，四川农业科研单位再次培育出再生能力强的杂交水稻品种矮优1号、矮优2号、再生优等，并制定配套的栽培技术，使再生稻在抗病虫害能力、单产等方面均有所提高，试验再生稻亩产已能达到116.5千克[1]。经过品种与栽培技术方面的不断改进，保育再生稻已经成为四川改造冬水田、挖掘粮食增产潜力的重要途径。据1989年《人民日报》报道，四川"去年全省发展再生稻400多万亩，平均亩产80千克。今年全省发展再生稻600多万亩，平均亩产达到100千克，最高单产达到250千克，总产量比去年增加1.3亿千克"[2]。

其二，稻田半旱式免耕水旱连作。如前节所述，自稻田半旱式免耕栽培技术推广后，开启冬水田改造的新局面。截至1985年，全省已推水田半旱式栽培面积66.3万亩[3]，在具体的改造实践中收效显著。在四川民间存在着这样一句歇后语："冬水田里种麦子：怪哉（怪栽）"。其寓意的由来是冬水田冬季蓄水，要将其改作水旱轮作，不仅成本大且也不符合耕作习惯，故称"怪栽"。自半旱式栽培技术推广后，原来的冬水田被造成水旱轮作田种上了麦子。"怪栽"再也不怪了。

其三，麦—稻—苕，水旱轮作。在改造冬水田实践中，针对那些土壤、气候、水分条件不能蓄留再生稻的冬水田，可实行一季中稻、秋苕、小春的耕作模式。只是，此种耕作方式要求有充足的水源保证，同时，人力与肥力的投入也相对较大。

其四，发展稻田种养殖等多种经营方式。利用稻田发展种养殖业，在我国水田农业的利用史上具有悠久的传统。利用冬水田发展养殖业，早在其提出者阚昌言的论述中就有所提及。民国时期，专家们也提倡选取可用之稻田，蓄水期间可种萍、养鱼。可以说，综合利用冬水田进行种养殖业的理念是贯穿其发展始终的。只是，成规模的全面发展是从20世纪80年代开始的。冬水田养殖业主要包括稻+鱼、稻+鸭，还有稻—

---

[1]　四川省地方志编纂委员会：《四川省志·农业志上》，成都：四川辞书出版社1996年版，第127页。

[2]　凌云：《四川再生稻丰收》自《人民日报》1989年10月19日。

[3]　四川省地方志编纂委员会：《四川省志·农业志上》，成都：四川辞书出版社1996年版，第128页。

笋、稻—菇、稻—菜等多种种养模式①。这些都是在不改变冬水田本身的前提下，探索出的提高其综合产出的技术路径。在改造冬水田的实践中，收效显著。统计表明，1988年、1989年，四川在川东、川南如达县、渠县、梁平、云阳等冬水田存在较多的地区，推广示范"以粮为主、综合开发"的改造方法，"累积示范面积99.63万亩，实现粮食增产1.5亿千克，增加产值2.05亿元"②。采取冬水田"立体开发模式"后，那些原来难以完成水转旱的冬水田，索性将"水路"坚持到底。为此，冬水田在修筑技术方面也有了新的改进。蓄水是冬水田的关键，为提高水田的保水性，农民十分重视对田塍的修筑。发展冬水田立体种养业后，修建田塍的要求更高了。所以，在一些地方农民会用石板修砌田坎，以保证蓄水（图4-8），为综合利用冬水田提供充分的用水保证，更有甚者会修建砖混结构的田坎，使冬水田变成小型水库③。

图4-8　冬水田的田塍

通过技术的不断改进与环境的适应，四川的冬水田耕作制度也发生了显著的变化，形成了一套完备的冬水田熟制。其一般分为三种类型：一是冬水田中稻，上年冬季蓄水，翌年种一季中稻，适于水利设施不足，

① 朱永祥，马建猷：《冬水田立体农业技术》（成都：西南交通大学出版社1991年版）详细地总结了各种冬水田立体养殖模式的技术要点，并对其在四川的推广发展梗概有所介绍。

② 梁禹九，赖映星，柯昌钰：《冬水田以粮为主综合开发利用研究总结》选自四川省农业科学院作物育种栽培研究所，四川省农业科学院农业战略研究室编：《冬水田以粮为主综合开发利用经验汇编》，1990年版，第11页。

③ 赵武强：《"镜子田"变成"聚宝盆"》，《重庆日报》2004年1月9日。

光热资源有限，土壤理化性状欠佳地区的低产田；二是冬水田双季稻，主要适于浅丘河谷地区，产量接近稻麦两熟；三是冬水田席草（药材）+中稻，利用冬水田种一季席草或泽泻，收获后再种一季中稻[①]。

总之，通过以上多种改造途径，四川的冬水田得到进一步开发利用，其具体表现为规模不断缩减，开发形式多样化、综合利用效益得以提高。人们将20世纪80年代以来，四川冬水田的全面改造，称为"沉睡的冬水田苏醒了"或"镜子田变成聚宝盆"。

小　结

本章所论述的三种改造冬水田的技术手段，主要是在不改变冬水田这一耕作制度前提下，最大限度地提高粮食产量而开发的。但是，在实际改造中，农民更多的是采用最为便捷的方式——"直接放干"，改种旱作。正如前文所言，四川冬水田有坝田、梯田、沟田等不同类型。对于梯田型冬水田的改造，放干无疑是最为便捷的方式，但是放干后，若翌年再想蓄水种稻，便无绝对水源保障了；对于沟田及部分坝田型冬水田，因为地势低下，田中积水本就难以尽数排干，要在这类冬水田上改种旱作，其难度更大。所以说，20世纪30年代所制定的，针对不同类型的冬水田采取不同的改造方式，比较符合实际情况。只是1958年后，在激进的农业政策及过分追求眼前利益的农田水利政策的影响下，四川改造冬水田的态度与策略偏离了早期正确的路线，进而带来了消极的结果。

改造冬水田的核心问题，其实是土地利用形式的"水旱转换"问题。水稻在南方众多粮食作物中有着天然的优势地位，其他作物在种植结构的布局中，都要以其为中心。冬水田的出现也是为了种植水稻。在四川丘陵地区，因为渠堰灌溉系统的缺乏，稻田不得不以蓄水越冬的方式来保证水稻种植。因此，在四川大部分稻作区，多种植一季中稻，收获之后便蓄水越冬，以保证翌年的水稻按时栽插。一年一熟的种植模式是冬水田区主要的农业特点。在稻田之外，农民则靠开发旱地来弥补稻田只种一季的损失。从投入与产出比来看，冬水田种一季中稻的收益，并不低于改种双季稻或实行水旱连作。只是在那些主张改造冬水田的人看来，

---

① 泸县县志办公室编著：《泸县志》，成都：四川科学技术出版社1993年版，第188页。

这种以牺牲大半年之利益为代价的稻田蓄水模式，其目的无论是防虫还是抗旱，都没有太大必要。因此，从提高土地利用率及粮食产量的角度，改造冬水田都十分必要。改造冬水田最根本的办法是修建配套的农田水利工程。对于排水难度较大的沟田则是尽量延长稻田的利用时间。基于此点，在实践中便应生出"修筑囤水田"与"综合开发"两种基本改造模式。"囤水田"的修筑是在保证来年栽插用水的前提下，尽量减少蓄水稻田的面积以发展冬作，变"平面蓄水"为"立体蓄水"。"综合开发"是通过在田中起垄、实行免耕连作技术，实现局部的水旱转化，以提高稻田利用率，并发展稻田种养业，改过去仅追求粮食作物产量的单一改造模式为全面开发、综合利用。在四川冬水田变迁的过程中，不同改造技术手段的综合运用使其面积不断减少。

第五章

推动与制约：冬水田变迁的影响因素分析

对于四川的自然环境条件，上文已有详细阐述：多丘陵的地形条件限制了传统引水灌溉工程的修建；对水稻的追求又促使农民要寻找能突破地形条件限制的水利形式；加之移民的进入，尤其是擅长山地开发的楚粤移民带来了新技术。于是，冬水田这种适应四川地形与气候条件的水利形式，便在川内流行开来。四川的稻米主要产区"除川西平原之外，其他川东、川南北各地虽丘陵起伏，然产米之地所在皆是"[1]。丘陵地区的稻田类型主要是冬水田，据1989年中国水稻研究所的统计，四川冬水田主要分布在盆地南、东、中三个丘陵稻区，其占稻田比例分别为70%、48%、48%[2]。由此不难看出，环境因素在冬水田技术选择中，所起的基础性配置作用。若细究环境所包含的各个子要素，如土壤、气温、降水等，不难发现上述三大冬水田的主要分布区受其影响颇大[3]。这些因素的共同作用使冬水田成为农民种稻最适合的选择。当然，在技术的选择中，自然环境因素并不是决定性的，在它之外还有另一更为重要的因素，即社会的选择，主要包括经济、技术、时政等因素。因此，本章将重点阐释影响冬水田变迁的社会因素。

---

① 吕登平：《四川农村经济》，上海：商务印书馆1936年版，第261页。

② 中国水稻研究所编：《中国水稻种植区划》之《四川水稻种植区划》，杭州：浙江科学技术出版社1989年版，第93-98页。

③ 陈实的研究证明了这点。他通过分析四川盆地冬水田分布区域的特点，得出这样的结论：冬水田比例，盆南比盆地平均值高出98.33%，盆中和盆地分别高出23%和6%，盆周和盆北接近平均水平，而盆西则不及盆地平均水平的30%，造成区域差异的原因，与盆南酸性紫色土较多，丘陵面积、冬季降水雨量和冬暖指数均较盆地平均值高，有利于冬水田的形成有密切关系。参见《四川盆地冬水田的成因和区域性分异及其对农业生产的影响》，《西南农业大学学报》1991年第4期，第426页。

第一节　抗战与粮食增产的推动

　　人类对于粮食产量提高的需求是农业改良工作所追求的最终目的。
在某些特殊的历史时期，我们的这一需求又特别强烈，如人口激增期、
战争期间。1935 年，蒋介石在"统一川政"的政治布局中，便已将四川
定位成"民族复兴之根据地"了①。抗战全面爆发后，农村作为战时一
切供应之保障的地位更加突出。1938 年初，在国民政府提出的《非常时
期经济方案》中，即强调要"推进农业以增进生产"②。3 月，国民政府
在武汉召开国民党临时代表大会，会议通过的《抗战建国纲领》在经济
建设方面，明确提出"以全力发展农村经济、奖励合作、调节粮食、并
开垦荒地、疏通水利"③。是年 10 月，武汉沦陷，抗战进入相持阶段。四
川作为战时的大后方，支持抗战的作用更加突显。1938 年元旦，刘湘发
表题为《长期抗战中的四川》的讲话称：自国民政府迁至重庆以后"四
川日益成为全国政治中心，而随战区之日益扩大，四川也将日益成为全
国经济的重心"，并承诺四川将"拥护抗战到底，也一定对于前方的给养
补充，作源源不断地供给牺牲"，他邀请"全国企业家、民族产业家、华
侨资本家以及一切技术专家"④ 入川，共同建设后方的经济中心。随后，
一大批工厂及学校、科研单位、外省避难人员，相继入川。大量外来人
员的涌入，使自 1840 年以来处于缓慢增长状态的四川人口，又重新加速。
据李四平的研究，1937—1948 年，四川人口的平均增长速度在 8‰左右，
截至 1949 年，全省人口总数已由 1938 年的 47 485 295 人增至 57 366 000
人⑤。作为战时后方主要根据地之一，四川不仅接纳了大量入川人口，还
担负起为前线提供后勤补给的责任。因此，国民政府着力发展四川的经
济。在农业方面，1937 年 4 月，国民党召开第一次全国生产会议，全面
筹划农业经济开发的步骤，强调"积极发展后方生产，以弥补战区的损

---

① 黄天华：《从"僻处西陲"到"民族复兴根据地"——抗战前夕蒋介石对川局的
改造》，《抗日战争研究》2012 年第 4 期，第 16 页。
② 黄华文：《抗日战争史》，武汉：湖北人民出版社 2007 年版，第 182 页。
③ 嵊县抗日委员会编辑：《中国国名党临时全国代表大会宣言及抗战建国纲领》，第
20 页。
④ 刘湘：《长期抗战中的四川》，《战时青年》1938 年第 2 期，第 23 页。
⑤ 李四平：《四川人口史》，成都：四川大学出版社 1987 年版，第 205 页。

失"，并制定了具体的农业开发方针政策：其一，开发农林资源，利用未垦荒地以增加生产；其二，改良旧式农业经济，推广农业科学应用，包括改良种子、防治病虫害、改进肥料、农具、兴修水利等；其三，组织生产，采用调节农村金融和组织农村合作社来实现①。此外，1938 年 3 月，国民党临时代表大会通过了《战时土地改革草案》，力图通过生产关系的调整，来优化农业的生产环境。之后，1941 年又颁发《土地政策战时实施纲要》。总之，民国政府为促进农业发展、提高粮食产出，产生了积极的作用。

民国时期，四川的粮食生产在全国农业经济中的地位十分重要。据1933 年统计数据，四川主要作物产量以稻为第一、甘薯第二、麦第三，其后依次为豆、芋、油菜、花生、马铃薯。其豆类、玉米、甘薯、芋、油菜产量均占全国首位，稻产量居全国第二，大麦、小麦产量分居第四、第七位②。在整个作物生产中，粮食作物的比重占 92.5%，高于全国各省平均82%③。因此，增加四川的粮食生产对保障抗战有重要的意义。全面抗战爆发后，四川省政府于 1937 年 10 月颁布《四川战时增加粮食生产办法》，规定主要从扩大生产面积、增加亩产量、减少浪费三大方面，制定具体粮食增产与节约消费的措施④。有关粮食增产的具体措施，李俊的研究已做了比较全面的概括⑤。在众多措施中"扩种冬作""变革耕作制度""整顿水利"均与冬水田密切相关。扩大冬季作物的种植面积，一般可通过新开荒地与实行轮作两种主要途径来实现。推行轮作，就四川当时的水稻种植情形而言，广大的冬水田区就成了推行轮作、种植小春作物的主要对象之一。因此，改革一年一季的冬水田耕作制度，成为迫切的工作。其实，早在 1931 年，董时进等人考察四川农业时，在看到川中平坝地区大面积存在休闲蓄水的冬水田之后，他们便提出了改造利用冬水田，以推广冬作的想法。董时进在考察报告中，为四川改造冬水田的收益算了这样一笔账，他说：

---

① 黄华文：《抗日战争史》，武汉：湖北人民出版社 2007 年版，第 184 页。

② 吕登平：《四川农村经济》，上海：商务印书馆 1936 年版，第 244 页。

③ 张一心：《中国农业概况估计》，南京：金陵大学农学经济系 1932 年版。

④ 《四川战时增加粮食生产办法》，《四川月报》1937 年第 11 卷第 4 期，第 137–143 页。

⑤ 李俊：《抗战时期大后方粮食增产措施及其成效分析》，《求索》2011 年第 5 期，第 231–233 页。

查《农商统计》所载，川省稻田面积总计约一亿零六百二十七万亩，设此数属正确，姑（估）以一半不行冬作计（实际大约不只一半），亦有五千三百一十三万五千亩。此等多属肥沃土地，如能设法悉行冬作，每年不难获小麦六千三百七十六万二千石（按川省平均每亩小麦收量一石二斗，计其实稻田较肥，麦之收量或较多），可以养活二千余万人（以每人三石计）约当现时四川人口五分之二。又按川省平均每户耕种面积（约二十亩）计算可利用之水田，能供给二百六十五万六千七百五十户即约一千三百万人口之冬季工作，使不至于无业。此数当四川人口总额四分之一，其关系不可谓不大①。

在董时进的计划中，将只种一季水稻的冬水田耕作制度改为稻麦连作制是主要的粮食增产策略。只是从四川冬水田存在的类型来看，他的这一主张又是难以完全实现的。因为在三种主要类型的冬水田中，沟田型冬水田中积水很难轻易排干；梯田型冬水田排水虽易，但再次蓄水却难，不能保障翌年水稻按时栽插。后来，1937 年发布的《四川战时增加粮食生产办法》便注意到这个问题，并对此做了这样的规定，其称"至若改水田为旱地，以增加小麦栽培面积，以属善策，但不可不密慎者"，须重点注意这样三方面的问题："其一，须选择排水优良之田地，用杜绝日后黑穗病害；其二，须考虑水源供给问题，以求来年得以种稻；其三，须注意刈尽稻秆，以免将来发生螟患"②。所以，在冬水田区推广冬作，并不是增加粮食产量的上上策。故后来，杨开渠、杨守仁等人才主张通过种植双季稻延长冬水田利用时间的方式来解决这个问题。不过在整个抗战时期，四川主要粮食作物的结构中，水稻与小麦的种植面积显然是发生了一些相关性的变化。据刘秋筜《战时四川粮食生产》中的统计，抗战时期四川的 12 种粮食作物中，1943 年小麦种植面积扩展最多，超过抗战前期，达746 000市亩；水稻中籼稻的面积减少最多，较抗战前期减少9 620 000市亩。下表是刘秋筜对抗战时期四川 12 种粮食作物种植面积的变化，做出的统计。从中我们可以看出，杂粮作物种植面积的扩大是四川提高粮食总产量的主要途径，为此，牺牲了一部分水稻的种植面积

---

① 董时进：《考察四川农业及乡村经济情形报告》，北平大学农学院 1931 年 2 月；《中国农村经济资料》，台北：华世出版社 1978 年版，第 819 页。

② 《四川战时增加粮食生产办法》，《四川月报》1937 年第 11 卷第 4 期，第 139－140 页。

（表 5-1）。

表 5-1　四川主要粮食作物面积变化对照（1938—1944）①

（单位：千市亩）

作物＼年份	1931—1937 年平均	1938	1939	1940	1941	1942	1943	1944	1938—1944 年平均
籼稻	37 727	38 737	34 729	28 367	28 397	30 479	28 964	28 097	31 107
糯稻	3 251	3 004	3 517	3 234	3 865	3 067	3 296	3 189	3 313
小麦	15 533	19 502	17 917	17 716	18 981	2 566	23 019	17 201	19 557
大麦	12 213	13 579	12 199	11 874	12 080	12 678	12 698	10 051	12 165
玉米	10 213	10 628	13 023	12 015	13 963	13 849	12 749	13 690	12 845
甘薯	6 623	11 963	10 902	9 168	10 606	10 402	9 602	9 186	10 261
高粱	4 449	4 574	4 487	4 920	4 962	5 109	5 058	4 974	4 849
小米	862	832	754	784	293	687	646	348	621
燕麦	884	883	1 246	1 162	1 232	1 019	1 037	1 063	1 092
大豆	4 391	4 949	4 029	4 200	4 114	4 150	4 668	3 233	4 192
豌豆	8 787	10 302	10 426	10 412	10 062	10 462	10 597	9 503	10 252
蚕豆	7 968	8 985	9 217	8 751	9 313	9 229	9 217	6 865	9 074
合计	106 933	127 065	122 446	112 603	117 850	123 697	121 531	110 300	1 193 519

　　从表中还可看出，抗战时期籼稻种植面积自 1939 年便开始缩减，小麦自当年开始增加。当然，小麦种植面积的扩大，一方面是因为稻麦连作制度在部分地区的推行；另一方面则是因垦荒运动的进行。只是，若在水源有保障的地区，稻麦连作制度的推行，从种植面积上来看，是不会使水稻面积有所减少的。在四川之所以会出现稻与麦这两种作物此起彼伏的态势，除气温及接茬等因素的影响，最大的影响因素便是冬水田的大规模存在。因为，冬水田的水稻栽插主要是靠秋冬季节的田间蓄水。若头年不蓄水越冬，待到翌年水稻栽插时，用水便难以保证。进而，必然会使部分冬水田无法种植水稻，只有改种旱作。

　　另外，从粮食总产量上看，冬作产量的增加与夏作的减少，仍是这

---

① 刘秋篁：《战时四川粮食生产》，《四川经济季刊》1945 年第 2 卷第 4 期，第147 页。

一时期四川粮食生产的一大特点。"整个抗战时期，除 1938 年之外，大后方粮食总产量均呈增加趋势，其中以冬季作物增加为最多；冬作之中尤以小麦、油菜籽二者增加最为多；在夏作方面，除玉米、甘薯、花生、芝麻等增加外，其余呈减少状态，尤以水稻最为显著"[①]。在粮食单产方面，四川的主要粮食作物单产均较抗战前期有所下降，特别是作为主粮的水稻、小麦、玉米，亩产均大不如前。据中央农业统计，1940—1944年，籼稻产量由抗战前期亩产 404 斤降至 296 斤，小麦、玉米、甘薯的亩产降幅也十分明显。具体见表 5-2。

表5-2　抗战四川各主要粮食亩产对照[②]　　（单位：市斤）

年份 \ 作物	籼稻	糯稻	小麦	大麦	玉米	甘薯	高粱	小米	燕麦	大豆	豌豆	蚕豆
1932—1935 年	404	—	254	241	283	764	283	183	179	—	—	—
1940—1944 年	296	283	220	211	234	697	248	156	155	179	158	—

分析其中缘由，从技术层面看，这主要与当时所奉行的以"提高复种率"与"扩大种植面积"为目的的农业改进手段直接相关。由于社会经济原因及四川农村经济整体上的衰败，这一时期所倡导的其他农业改良的科技策略，在实际生产中所发挥的效用相当有限。不过，总体上而言，四川农业的改进工作较好地完成了支持抗战的使命。1945 年 10 月 8日，《新华日报》发表题为《感谢四川人民》的社论。文中说到：抗战时期"四川供给的粮食，征粮、购粮、借粮总额在八千万石（43.3 亿千克）以上，历年来四川贡献抗战的粮食，占全国征粮总额的 1/3""各种捐税、捐献，其最大的一部分也是四川人民所负担"[③]。只是，这个时期四川农业的所谓"艰难发展"，也仅仅是农村经济在持续破败中的一种回光返照而已。抗战胜利之后，随着各方势力的离开及国内政局的动荡，四川农业改进工作渐渐冷淡下来。随之而来的是冬水田的恢复与水稻保栽面积的回升。

---

① 潘简良，尹众兴：《战时粮食生产综论》，《农业推广通讯》1944 年第 6 卷第 12期，第 8 页。

② 刘秋筐：《战时四川粮食生产》，《四川经济季刊》1945 年第 2 卷第 4 期，第153 页。

③ 《四川省志·粮食志》编辑室编：《四川粮食工作大事记 1840—1990》，成都：四川科学技术出版社 1992 年版，第 46 页。

第二节　失衡租佃关系的阻碍

租佃关系是土地私有制下，地主与佃户间因土地租赁所形成的一种利益分配关系。地主是土地所有权者，"其核心利益是按质按量收取地租"，佃农是生产与经营者，"其核心利益是在当时的社会经济条件下，排除地主的干扰，实现利益最大化"①。在实际情况中，地主与佃农的身份亦有交叉重合之时，因此便衍生出多重身份与称谓上的不同，具体约有七类："有地出租不自耕者为地主。有地自耕一部又出租一部者为地主兼自耕农。有地出租反而又佃耕他人土地者为地主兼佃农。有地完全自耕者为自耕农。有地自耕同时又佃耕他人土地者为自耕农兼佃农。自己无地佃耕他人土地者为佃农。自己无地受雇他人从事农作者为雇农"②。从分配形式上看，常有定额租与分成租两种。"定额租"是指以土地亩数为单位，规定其应缴纳的地租额度，其最大特点是租额不变，无论丰歉，佃农均要缴纳规定数目的地租，除非遇到大灾年份，在颗粒无收的情况下，地主才会考虑免租或减租。"分成地租"是指收获物以一定比例在地主与佃农间进行分配。在以往的研究中，通常认为分成地租更不利于发挥佃农的生产积极性，经济激励机制具有严重缺陷③。在定额租制下，地主与佃农的关系更为简单化，平时"田中事，地主一切不问，皆佃农任之"，除"交租之外，两不相问"④。所以，方行认为"在定额租下，土地所有权与经营权已充分分离，佃农成为真正自主经营、自负盈亏的经营主体。他可以排除地主参与分配增产成果，以谋求自身利益最大化"⑤。但是，与分成租相比，定额地租下"常常意味着失去了由地主提供的对佃户的生存安全至关重要的大量帮助。其中包括：地主对生产成本的负担、低息生产贷款、食物贷款、患病期间的帮助以及对于地主的财物如

---

① 方行：《清代租佃制度述略》，《中国经济史研究》2006 年第 4 期，第 110 页。

② 无名氏：《四川租佃关系之研究》，《四川财政月刊》1948 年第 14 期，第 30 页。

③ 方行：《清代租佃制度述略》，《中国经济史研究》2006 年第 4 期，第 110 页。

④ 中国人民大学清史研究所编：《康雍干时期城乡人民反抗斗争资料》，北京：中华书局 1979 年版，第 11 页。

⑤ 方行：《清代租佃制度述略》，《中国经济史研究》2006 年第 4 期，第 110 页。

竹子、木头和水的使用权，还有垦殖山坡、种植蔬菜作物的权利"①。因此，在实际操作中，地主与佃农在订立租佃关系时，对于地租计算方式的选择，常由各地租佃习惯以及土地等级决定，如山东历城贫瘠的土地适用分成租，较肥沃的土地适用定额租，以使佃农与地主都能得到较好的收入②。

对于租佃关系与中国传统农业改进间的关系，过去的研究者大致有两种观点，其一是旧式租佃关系阻碍了中国农业的近代化③；其二则提出了不同的看法，以马若孟、赵冈为代表④。这两种观点表面上看似对立，实则并不完全是水火不兼容，因为他们所论述的对象并不统一，有的以江苏立论，有的则以河北、山东为据。这些省份虽同为中国，但其实际的经济情况并不完全等同。因此，笼统地说租佃关系对于农业改进有或没有阻碍都不准确。中国地域之大，各地差异明显，即便同一形态的租佃制度在不同地区的效果也有大相径庭的时候，故若想用某一结论概括所有，是难以实现的。故此处只考察民国时期四川的租佃关系与当时农业改进的关系问题。

一、民国四川租佃关系的特点

（一）佃农居多

民国四川的佃农数量居全国之首，据中央农业实验所的调查数据显示，自民国元年（1912）至民国二十六年（1937），四川自耕农的比例由30%降至24%；半自耕农则由19%增加到24%；佃农本来就多，由51%增加到52%。民国三十年（1941）成都平原及川东地区的佃农数量皆达69%⑤。四川佃农数量分布地域特点是成都平原及川东地区最多，川西南

① ［美］詹姆斯·C. 斯科特：《农民起义的道义经济学：东南亚的反叛与生存》，南京：译林出版社 2013 年版，第 63 页。

② ［美］马若孟：《中国农民经济：河北和山东的农民发展（1890—1949）》，史建云译，南京：江苏人民出版社 2013 年版，第 115 页。

③ 刘阳：《封建租佃关系对于近代江苏棉种改良工作的制约》，《兰州学刊》2011 年第 9 期，第 163-171 页。

④ ［美］马若孟：《中国农民经济：河北和山东的农民发展（1890—1949）》，史建云译，南京：江苏人民出版社 2013 年版，第 119、79、118 页；赵冈：《简论中国历史上地主经营方式的演变》，《中国社会经济史研究》2000 年第 3 期，第 1-9 页。

⑤ 无名氏：《四川租佃关系之研究》，《四川财政月刊》1948 年第 14 期，第 30 页。

区其次，川西北区最少①。另，四川佃农的人口比率，亦占农民人口的绝对多数，据郭汉鸣、孟光宇等人的统计，川东区佃农人口的比率占56.6%，川西南区占51.3%，川西北区占30.7%，成都平原占55.2%，平均则为48.3%。若与占总人口23.8%的自耕农相比，相差一倍有余，而且那些自耕农兼佃农的人口占15.9%②。由此可见，四川佃农占总农民人口的比例之高，数量之大。

（二）押租盛行

押租是指佃农佃田时给地主的押金，是佃农的信用保证。在租佃关系中，押租形式的出现地主是绝对受益者，其通常会加重佃农的负担，又被称为"隐租"。在地主方面押租主要两种作用：其一，借此可以窥测佃农的财力，能限制那些贫穷的佃农争佃，进而保证地主的利益最大化；其二，押金是地主获利的有力保障，如在缴纳押金时地主便规定：佃户故意拖欠租谷，粮食荒歉，佃户迁去时如有损失房屋竹木用具等，佃农有不法行为等情况出现时，地主有权勒扣押金③。即便租期满时无上述情况，地主退还佃农押金，但因通货膨胀之故，佃农实际利益仍受巨大损失。赵宗明记录了巴县一位冯姓佃农，于1941年向当地地主佃租20余亩田耕作，并交押租1万元。当年1万元的购买力是8石黄谷或10疋土布，但耕种一年后地主撤佃，退还押金1万元。而此时1万元法币仅能购买1石黄谷或半疋土布。这位农民以此1万元再无法佃租田地，只有沦为下苦力的雇农了④。

民国时四川省内盛行押租的地方以成都平原为最，占91%以上；川东区次之占90%；川西南区又次之，占百分之66%；川西北区为最少亦占40%⑤。押租盛行的地方常为人地关系紧张的地区。在人多地少的地方，佃农租种同样数量的土地所付出的代价势必更大。关于押租的金额各地不一，通行的标准为：上田为地价的5%，山田为1%。但在实际操作中常有因人情而减少或因争佃而加多的情形出现。民国后期，随着四

---

① 赵宗明：《四川的租佃问题》，《四川经济季刊》1947年第4卷第2-4期合刊，第46页。

② 郭汉鸣，孟光宇：《四川租佃问题》，上海：商务印书馆1944年版，第12页。

③ 吕登平：《四川农村经济》，上海：商务印书馆1936年版，第197页。

④ 赵宗明：《四川的租佃问题》，《四川经济季刊》1947年第4卷第2-4期合刊，第52页。

⑤ 郭汉鸣，孟光宇：《四川租佃问题》，上海：商务印书馆1944年版，第61页。

川佃农人数的增加，押金的数额也普遍提高。在吕登平对四川9个地区押租情况的统计表中，即可反映出四川押租金的基本情况（表5-3）。

表5-3　民国四川部分地区押租金额

地区	土地面积	押金额度
万县	佃10石谷田	按押金百元
彭县	每亩平均	按押4元5角
新繁	每亩平均	按押7元
成都	每亩平均	按押7元5角
重庆	每亩平均	按押8元
忠县	每亩平均	不得超过地租价2%倍
郫县	每亩平均	按押7元
灌县	每亩平均	按押6元
涪陵	田（10石谷田） 土（百两鸦片）	按押300元（此系干压金 按押50元不另缴租

注：在四川一些丘陵地区，田地面积常为狭小块状、且较为分散，不易以亩数计算面积，通常以产量（石）来计算田面积，故谓之"几石田"

从上表可以看出，在川西灌县、郫县、成都、新繁等土地肥沃、人地关系紧张的地区押租金额始终相对较高。另据吕登平所言，单从押租金的额度看，民国时期"四川租佃压金，已有增进之趋势，其平均率比从前增加百分之十以上。至每亩压金与田租之比例，在川东为百分之八十；川西为百分之六十至七十"[①]。当然，押租的最终去向也会因其性质的不同而有所差别：单纯的压租仅做佃户信用保证，租佃关系结束时地主退还给佃农；还有一种押金，由佃农一次支予地主押金若干，地主以此资本生息算作地租，本金在退佃时还予佃农。如上文所述，押租名义上最终是要退还给佃农，但是在租佃关系存续期间，这笔押金因通胀造成的损失，最终的承担者仍是佃农，而且退租时能否全额退还押金，也还受到诸多因素的影响。所以，押租本身对于佃农是不公平的。一般佃农为租佃田，因无力交押金只有通过借贷的方式，据统计，四川有76%的佃农所交押租来源于借贷[②]。这无疑又增加了佃农一笔额外的开支。

（三）租额高

民国时四川佃农向地主交纳地租的额度之高，在全国范围内少有出

---

① 吕登平：《四川农村经济》，上海：商务印书馆1936年版，第200页。
② 同上。

其右者。收获之后佃农通常只能得田中正产物总收获量的十之一二以至十之三，其余则须悉归地主，如成都平原，田每亩产量二旧石者①，须纳谷一石六斗；川东南北等处，"田面"产量一石者，须纳谷七八斗。因四川交租习惯多以水稻为主，佃农的主要收入则来自水稻之外的小春或旱地作物。故即便租额如此之高，这种租佃关系也能维持相对稳定的状态。只是此种交租方式对后来的农业改进，尤其是与水稻相关的农业改进工作产生了很大的影响，后文再详述。从全川范围来看平均谷租率约60%以上，分区的情况大概是："成都平原谷租额普遍为百分之六十四，最高竟达百分之八十四；最低亦百分之四十。川南区普遍为百分之六十二，最高达百分之七十一，最低亦百分之三十八。川东区普遍为百分之五十九，最高达百分之六十六，最低为百分之二十八。川西北区普遍百分之五十八，最高达百分之六十四，最低为百分之二十九"②。当然这种地租率的计算方式，只计算了田地的正产物，而没有考虑地主的投资以及其本该获得的收入。为此，卜凯提出了一套名为"公允地租率"的计算方式，即"将地主与佃农两方面所分配的田场总收入的多寡，按照他们两方总支出的多寡而成正比例分配。"③ 此法从理念上看虽更有利于公平分配，但在执行中却有一定困难，因为地主与佃农双方的所有支出很难完全用现金来衡量，如"地主的资本利息与佃农的劳动能力及管理能力的报酬"④ 都很难用现金衡量。为此，卜凯提出了多种修正方法，并最终得出一计算公式⑤。李德英据此公式算得成都温江县的公允地租率为58.83%，此租率虽较其他算法的租率低了20多个百分点，但其仍然反映出佃农需将一半以上的收获物作为地租交给地主的事实⑥。

（四） 租佃关系极不平等

关于租佃关系的公平性问题，难以定论。若从投入与获得的比率来

---

① 1 旧石 = 1.035 市石，折合大米 156 市斤，稻谷 108 市斤，参见徐道夫《中国近代农业生产及贸易统计资料》，上海：上海人民出版社 1983 年版，第 344 页。

② 郭汉鸣，孟光宇：《四川租佃问题》，上海：商务印书馆 1944 年版，第 92 页。

③ ［美］卜凯：《中国农家经济（上册）》，张履鸾译，上海：商务印书馆 1936 年版，第 215 页。

④ 同上，第 216 页。

⑤ 按照卜凯的计算公式： （佃农多得或少得之百分数） = （佃农收入/业佃总收入） *100-（佃农支出/业佃总支出 * 100），同上，第 216-218 页。

⑥ 李德英：《国家法令与民间习惯：民国时期成都平原租佃制度新探》，四川大学博士学位论文 2005 年，第 134 页。

看，地主始终处于优势地位，佃农始终逃不掉被剥削的命运，但在承认私有制的前提下来考虑这个问题，地主作为主要生产资料——土地、种子、农具等的提供者，其在获益时有所多得，也并非完全不可接受。只是，地主与佃农的分配比例需合理。从这个层面上来看，平等的租佃关系并不是指所谓收入分配的绝对公平，其至少包括这样两个层面的含义：其一，收获物的分配原则须按照投入与收益的比例来计算，卜凯提供的"公允地租"计算法较为符合实际情况；其二，租佃关系确立后，双方必须如约履行。租佃关系存续期间，任何一方不可随意变更事先约定的条款。

如果某地的租佃关系具备了上述两个条件，那么我们可以视其为平等的租佃关系。就民国四川的租佃关系而言，它是不平等的：其一，从收获物的分配比例看，若采用只计算正产物的计算方式，其为"二八地租"即地主占八成，佃农占二成，乃绝对不平等；若采用公允地租计算方式，其分配比例为50%。地主比佃农多8.83个百分点，虽也未达到完全公平，但相较于第一种分配比例，地主与佃农收入间的差距缩小了许多。其二，从双方对租约的信守程度上看，地主违约时有发生，其主要表现为：随意升租加押、租期不固定、副租较多等，地主的这些行为无疑都会加重佃农负担，削弱其改良农业的经济能力，并最终导致租佃关系恶化。分述如下。

其一，随意升租加押。"升租"是指提高租额；"加押"是指增加押租金。据孟光宇调查四川租佃习惯的报告称，地主视任意"升租加押"为分内应有之权利，佃农唯恐换佃，不敢不从。"升租"多发生于佃农头年收成较好年份，地主见其收获颇多，便想提高地租以获益更多。而地主"加押"的理由则更多。据孟光宇所言："地主任何需要均得视为正常之加押理由向佃农索取。其押租总额甚至高于地价以上者"。这种情况在川北地区的蓬溪、射洪等县盛行①。

其二，租期不固定。在四川佃农租佃土地多无定期，租约中常见之规定如"承佃年限不拘""随年耕种"等。这种租期极富弹性，理论上在双方租佃意向有变时，便于及时解除租佃关系。但在人地关系紧张的四川大部分地区，这样的规定使佃农的利益更加得不到保障。地主可以随时单方结束租期，寻找更有经济实力的佃农，而承佃佃农则无心对土地及农业做出更多改良的投入。况且因租期不定，地主常以结束租佃关系

---

① 孟光宇：《四川租佃习惯》，《人与地》1943年第3卷第2-3期，第38页。

为要挟，迫使佃农接受其加租、加押的要求，佃农为减省搬迁及另租土地的麻烦，往往只有接受地主所提的要求。此又加重佃农负担，使其更无力投入农业的改良。

其三，副租较多。副租是指正租以外佃户对地主所送的各种物资。民国四川地区交纳副租甚为普遍，尤以乡村地区为烈。副租的表现形式大致可分三类：一为贡献实物，在正租之外佃农还需向地主提供柴草、蔬菜等副产。作物新获后，佃农须及时挑选精美者送与地主，是谓"尝新"或"送新"。二为人情往来，即地主家中有红白事及逢年过节时，佃农须送礼并帮工。地主与佃农间这种人情交际关系，多为佃农单方奉献。三是义务劳动，农闲时，附近佃户须轮流派工至地主家义务帮工跑路①。

二、租佃关系对农业改进的影响

如上文所述，民国时四川的租佃问题较其他省份均为严重②。在四川租佃问题中，如租额高、租期不固定、随意加租等，都会影响佃农对农业技术改良投入的热情。除此之外，四川还有一些租佃习惯对于农业改良，尤其对冬水田作物栽培制度的改变也是不利的。

其一，纳租以谷为主、杂粮归佃农的习惯不利于冬水田的改进。四川各地的纳租习惯，向以水稻、玉米等大春作物为主，田地正产物多归地主，佃农所得不过十之一二以至十之三。其补救之法是小春作物悉归佃农③。除此之外，还流行一种"搭配"办法，以补佃农之不足。即在冬水田与旱田较多地区，地主通常在田之外搭配一定山地给佃农，山地所产尽归佃农。此法是为弥补冬水田无小春及旱田需投入较多的资本与

---

① 吕登平：《四川农村经济》，上海：商务印书馆1936年版，第209-210页；无名氏：《四川耕地租佃制度概述》，《新新新闻旬增刊》1942年第7-8期，第11页。

② 郭汉鸣，孟光宇在全面研究四川的租佃关系之后，认为民国四川租佃问题，较全国各地均严重。其表现可简单归纳为四点：其一，租佃比率高。四川佃农占48%，仅次于广东省，居全国第二位；其二，佃耕面积大。全国承佃面积平均为30.73%，四川为79.7%，高于广东的76.95%，居全国第一位；其三，租额高。其四，租期不固定。参见《四川租佃问题》，上海：商务印书馆1944年版，第155页。

③ 四川农作物每年两熟：一是小麦、大麦、豆子、油菜等冬季作物，俗称"小春"；一是稻米、玉麦等夏季作物，俗称"大春"。地主收租只及大春，但租率之高，往往将佃农大春的收获全数取而无余。参见四川省稻麦改进所经济部调查股：《灾荒打击下的四川粮食生产》，《建设周讯》1937年第3期，第13页。

人力的弊端而设。如地主无山地可与配搭，则须降租一二成，以为弥补①。这样的搭配办法是对佃农收益的一种补充，其有利于租佃关系的维系，但其弊端则是不利于水稻的改良与环境保护。首先，人自身的趋利性使无论是佃农还是地主，都要想法在既有的这种"搭配办法"的租佃关系中，尽量实现自身利益的最大化。地主的出发点是要尽量保证水稻产量的稳定或使其有所提高，而佃农的初衷则是要在种好水田的基础上，尽全力经营山地，因为山地所产皆归己有。他们基于保证各自利益的行为，使当时计划于冬水田推广冬季作物的改良措施难以全面展开。其缘由正是"佃户在冬季常竭其力，以求旱地作物之丰收，不顾分其力于他处。同时地主因欲维持稻租之充足，又须极力保蓄水田之肥力，不使有所损耗，因此亦不愿将水田供作冬作之用"②。其次，如此缴租习惯加剧了四川山地环境的恶化。四川盆地内自乾嘉以来已是人满为患，人地关系较为紧张，盆地周边山区在得到开发的同时环境也被破坏。1931 年，董时进在调查四川农村经济时所见情形便是四川盆地内部土地利用情况的真切反映：

> 川省有一种景象，最易使人注目者，厥为土地开辟之状况。由峡溯江而上，沿岸所见，有倾斜不下七八十度之山地，概经开垦，石岩之上，凡有一勺泥沙，亦无虚置。土岸田畔之垂直而上，亦少未种植者。由渝至蓉，所经山坡，远望一似荒秃，及接近始知其由脚至顶。无一非耕地。龙泉驿山坡可谓高而急，然半山之上犹不乏水田，山顶之上不乏旱田。"无旷土"之理想，川省内地可谓已完全达到。惟此等山坡、山崖，生产力既低，工作复困难，只适于造林放牧之用③。

与山地之极度开垦同样令董时进等人所惊奇的是，四川那些位于"山脚及其附近较平坦肥沃之水田之闲置"情形。那便是广泛存在于四川丘陵地区的冬水田。在董时进等人的眼中，四川这种"肥沃之水田仅种一季，而瘠薄之旱田，每年反须收获二三次"的农业布局是极不合理的。

---

① 郭汉鸣，孟光宇：《四川租佃问题》，上海：商务印书馆 1944 年版，第 92 页。
② 董时进：《考察四川农业及乡村经济情形报告》，北平大学农学院 1931 年 2 月；《中国农村经济资料》，台北：华世出版社 1978 年版，第 819 页。
③ 董时进：《考察四川农业及乡村经济情形报告》，北平大学农学院 1931 年 2 月；《中国农村经济资料》，台北：华世出版社 1978 年版，第 819 页。

其既不利于粮食总产的提高，又不利于环境的保护。

其二，不合理的租约亦不利于佃农对农业技术的改良。在四川的租约规定中，租佃关系存续期间，佃农在土地方面的投入与改良，退佃时是得不到地主补偿的。冬水田改种冬作则是一件需投入极大人力、物力的工作，与种一季之后蓄水相比，改造冬水田无论是种两季稻，还是改种冬作，均需佃农更多的投入而收获却很少。因此，这就使佃农并无改良佃地的动力与愿望了。所以，孟光宇建议"必需规定佃农租种田地之后，对于田地施行改良，其所费资额，通知业主，于佃约解除时，业主须赔偿之"①。

其三，地主随意加租的习惯阻碍了双季稻的推广与冬水田的改进。如前文所述，在杨开渠改革四川冬水田的计划中，推广双季稻以延长稻田的利用时间是主要办法之一。然而冬水田由单季稻改种双季，稻谷总产量提高后，随之而来的便是地主的加租行为，佃农最后所获仍然很少"依旧贫乏如故，不愿再对耕地有所改进"②。因此，囿于租佃关系的制约，民国时四川双季稻的推广工作始终未能大规模开展，直到20世纪50年代生产关系变更后双季稻才得以推广开来。

总之，民国时四川不合理的租佃关系是阻碍农业改进工作的重要因素之一。1941年，沈宗瀚于《大公报》上发表《减免四川粮荒须生产技术与租佃制度并为改进》一文，呼吁改革四川租佃关系是改造冬水田、提高粮食产量的前提。沈氏称，因1940年川中米价昂贵，"地主贪图厚利，强令佃农蓄冬水，以备翌年种稻"③。正因为冬水田对于种植水稻的重要性，地主对于冬水田秋冬蓄水的问题更是十分关心，而佃农因在忙于旱地耕种，难免会疏于对冬水田的管理，故冬水田蓄放水问题易成为四川租佃纠纷的原因之一④。因此，沈宗瀚指出那些仅主张在"易旱之区域，减少水稻靠天田之面积，以增种小麦杂粮之面积"的单纯技术上的改进办法"纵使劝导推广，亦难达到目的"。若要解决四川粮荒问题，租佃关系势必改革，主要办法便是"将租佃缴谷制改为种稻缴谷，种麦缴麦，种杂缴杂。如此则佃农不受缴纳租谷之限制，得以自由择种，非特

① 孟光宇：《四川租佃习惯》，《人与地》1943年第3卷第2-3期，第157页。

② 赵宗明：《四川的租佃问题》，《四川经济季刊》1947年第4卷第2-4期合刊，第56页。

③ 沈宗瀚：《减免四川粮荒须生产技术与租佃制度并为改进》，《大公报》1941年7月7日。

④ 郭汉鸣，孟光宇：《四川租佃问题》，上海：商务印书馆1944年版，第124页。

旱灾得以避免，而租佃制度亦因以平允矣"①。可以看出，沈氏正确地指出四川以谷物为主的交租形式对当时农业改进的制约，但其只改革缴租形式便能使得四川"租佃制度以平允"的希冀，又显然是不切实际的。对于如何改革四川租佃制度，郭汉鸣、孟光宇等人有更为深刻的认识。他们在全面调查研究四川租佃关系之后，指出其存在的主要问题，并针对性地提出了八项措施：一是确定租额，二是限制押租，三是保障佃权，四是改革租地、改良旧习惯，五是废除预租制度，六是灵活确定纳租物，七是废除中间人制，八是取消副租②。此八项改革措施都是就当时四川租佃关系存在的主要问题所制定，虽指向性明确，但规定过于生硬，操作性不强，并不能从根本上扭转四川租佃关系恶化的趋势，如 1948 年政府推行的"二五减租"运动，本是政府希望帮助佃农调整不公平的租佃关系的一项重要政策，但因地主阶级的反对、政策本身的不切实际性等问题，其在执行过程中困难重重，引起了不断的租佃纠纷，最后佃农的利益不仅没有提高，反而受损严重，"落得流离失所，无家可归"的下场③。正如赵宗明所言"诚然，四川的农业实在需要技术的改革，以为增产的途径，但如果不求得租佃问题的合理解决，即使增产有望，也不能改进农民的生活，因为生产尽管增多，而增加的收入部分只不过饱肥了地主，根本没有佃农的份，何况大部分的农民已经长期压在高额的地租之下，几乎透不过气来，日与饥饿死亡的恶魔挣扎，对于新的'科学农业'实在无法接受"④。

第三节　组织化的力量与个人的选择

　　清代的移民是四川冬水田兴起的主要推动力。他们从南方水利技术相对发达的省份进入四川山区，为适应水稻种植的需求便因地制宜地发

---

① 沈宗瀚：《减免四川粮荒须生产技术与租佃制度并为改进》，《大公报》1941 年 7
　月 7 日。

② 郭汉鸣，孟光宇：《四川租佃问题》，上海：商务印书馆 1944 年版，第 156-
　157 页。

③ 李德英：《生存与公正："二五减租"运动中四川农村租佃关系探讨》，《史林》
　2009 年第 1 期，第 63-64 页。

④ 赵宗明：《四川的租佃问题》，《四川经济季刊》1947 年第 4 卷第 2-4 期合刊，第
　46 页。

展冬水田。后来，这种适应四川环境特点的冬水田技术，最终得以固定并延续了下来。前文在分析冬水田存在的原因时，对冬水田除了蓄水之外的主要优势，如防虫、沤田、调节劳动力等已有说明。这些因素都是农民选择是否蓄留冬水田时要考虑的因素。只是在民国冬水田改造的实践中，政府、地主、农民三者的利益出发点并不是在所有情况下都是一致的。即便政府举起"建设民族复兴根据地支援前方"的大旗，号召地主、农民改革其固有的耕作制度，以提高粮食的产出。但是，当某些农业改进措施触及地主的利益，且农民又从中不获益时，必然要失败。民国时期改革冬水田的举措正是如此。农民在对新技术做出选择时，考虑新旧两种技术的"安全性"是必须要进行的一项工作。正如斯科特所言，农民"即便使用最稳定的传统农业技术，每年也有一定的风险。过去一直使用这一技术的农民，一般不愿意改用，虽然平均利润可能高得多，但实质上蕴含更大风险的技术。在实际农业生产中，农民会选择给他们带来最高和最稳定劳动报酬的农作物和耕作技术。如果'最高和最稳定'这对目标发生冲突，那么，处于生存边缘的农民通常要选择低风险的作物技术"[1]。显然，对于民国时期的四川农民而言，相较于水旱轮作与双季稻制，沿袭了多年的冬水田耕作技术，无疑是风险最低且较为稳定的选择。因此，在不均的地权限制与失衡的租佃关系之下，农民更愿意选择已经形成了一套固定耕作习惯的冬水田，而不大会愿意冒险去改变这一传统制度。

在旧式生产关系下，从农民角度出发选择冬水田种植水稻是最经济且安全的方式；但从政府层面来看，冬水田极大地限制了粮食总产量的提升，其又是最不经济的选择。其实，在关于冬水田的选择中，农民与政府的出发点从表面上看似矛盾，实则是一致的：都要追求粮食产量。只是，因民国后期四川租佃关系的不合理，极大地削弱了佃农对耕作技术革新的积极性。在这种不合理的生产关系之下，要想通过单纯的技术革新来实现农业的根本性改进，难度相当大。

中华人民共和国成立之后，从 1950 年年底开始，四川全省分 3 期先后完成了土地制度的改革。土改的完成实现了农村生产关系的根本性调整，改变了传统农村的政治格局，并且为后来国家在农业方面所进行的革新奠定了基础。与民国时期相比，中华人民共和国成立之后在生产组

---

[1]　[美] 詹姆斯·C. 斯科特：《农民起义的道义经济学：东南亚的反叛与生存》，南京：译林出版社 2013 年版。第 24 页。

织方面的调整工作，以集体代替农民个体在生产选择方面留给农民自助选择的权利也越来越小。这一改变的实现主要是通过几次生产组织形式的变更来完成的。

首先，1952 年在中央《关于农业生产互助合作决议》的影响下，四川农村开展互助合作运动，到 1954 年，全省互助组已发展到 93 万多个，总农户的 67.9% 已经加入互助组。这种互助合作组生产资料仍归农户个人所有，家庭仍旧是基本的生产单位，组员坚持"等价互利合作"的原则进行劳力、蓄力的有偿使用。其主要目的还是为应对生产资料的短缺，以及农忙时节劳动力的紧张。其实，在农村这种自发的互助合作古已有之，《王祯农书》中记载的北方"锄社"、四川民间的"换工"均有此番的意蕴①。只是，在组织形式上这时的互助合作运动，因官方力量的介入使其变得更具制度化与强制性。这主要的表现便是"这种互助组实行简单的评工记分办法：以男 10 分，女 8 分（或 7 分）为基数，定期结算，差额找补"②。

其次，创办农业生产合作社。1952 年，全省开始创办初级农业生产合作社，初级社的主要特点是，在保持土地以及其他生产资料私有制的前提下，"实行土地入股，统一经营"，通过组建劳动生产队，土地按等级入股，按土地与劳动分红等手段来实现具有半社会主义性质的互助合作行为。1955 年，毛泽东主席在《关于合作化问题》的报告中批评了一些地方创办合作社的速度太慢，像"小脚女人"一样。之后，各地掀起农业合作化的浪潮。同年秋，四川省创办"初级社 20.15 万个，入社农户 907 万户，占总农户的 70%，基本实现合作化"③。在办初级社的同时，1955 年年底，个别走得比较靠前的地方开始创办高级社。1956 年，全国掀起了大办高级社的浪潮，四川的高级社也猛增到 12.5 万个，入社农户 879.6 万。高级社是全社会主义性质的集体经济组织，它具有规模大、生

---

① 《王祯农书·农桑通诀集之三》，北京：农业出版社 1981 年版，第 35 页："其北方村落之间，多结为'锄社'，以十家为率，先锄一家之田，本家供其饮食，其余次之，旬日之间，各家田皆锄治。自相率领，乐事趋功，无有偷惰，间有病患之家，共力助之。故田无荒秽，岁皆丰熟。秋成之后，豚蹄盂酒，递相犒劳，名为'锄社'，甚可效也"。

② 四川省地方志编纂委员会：《四川省志·农业志上册》，成都：四川辞书出版社 1996 年版，第 70 页。

③ 四川省地方志编纂委员会：《四川省志·农业志上册》，成都：四川辞书出版社 1996 年版，第 71 页。

产资料公有、生产统一安排等特点。官方文件中通常对于这种生产组织合作形式的优势给予这样的描绘："克服土地等生产资料私人占有与统一经营的矛盾，有利于土地的合理使用，开展较大型的农业基本建设和推广先进科学技术，促进农村分工分业，开展多种经营，壮大集体经济"①。应该说，从初级社到高级社的转变使得原来农村基本的生产单位由单个家庭变成多户的组织，在农事活动的选择与安排中，集体的力量越来越大而个人的选择则变得无足轻重。

最后，人民公社化运动。"人民公社"这个词首见于 1958 年《红旗》杂志第 3 期所发表《全新的社会全新的人》中。8 月底中共中央便通过了《关于在农村建立人民公社问题的决议》，9 月 10 日的《人民日报》发表了此决议，随后全国的人民公社化运动迅速开展。截至 10 月底，全国原有的 74 万多个农业生产合作社已合并成 2 600 多个人民公社，1.2 亿农户入社②。四川也在同时用了 40 多天的时间将原来的 17.7 万多个合作社，全部转为 5 178 个人民公社③。早期人民公社的特点是"一大二公"："大"是指规模大，通常是一乡一社，也有一县或区的大社；"公"则是指将合并的所有合作社的公共财产归公用。大办公社之后，在农业生产方面能投入更多的人力进行所谓的"大兵团作战"，其生产改造能力与破坏能力都大大加强。从此，中国便进入了人民公社时代，直到 1979 年才开始逐步取消人民公社。人民公社化运动虽然带来了许多的问题，但不可否认在当时生产力相对落后的情况下，中共开展的层层升级农业互助合作运动，对集中力量进行农业生产建设是很有用的。也正是在这样的背景下，存在了数百年之久的四川冬水田才能被大规模地改造。

正如前文所分析，在个体农业生产时期要想大规模地改造一种耕作制度，其难度相当高。就冬水田的改造而言，主要存在着水、肥、劳动力这三大制约因素。因此，每当提及改造冬水田时总有反对意见。在部分农民看来"改革冬水田，不如把劳动力解放出去挣现钱"，还说"改造冬水田，想起五九年"。因为，有了"大跃进"盲目改造的惨痛教训，20世纪 70 年代的改造初期，农民也是顾虑重重。有人将其顾虑总结为"八怕"："一怕放不干，二怕打不烂，三怕无肥料，四怕牛难办，五怕误季

① 四川省地方志编纂委员会：《四川省志·农业志上册》，成都：四川辞书出版社1996 年版，第 74 页。
② 黄振平：《中共现代史专题述论》，西安：西安地图出版社 2000 年版，第 98 页。
③ 四川省地方志编纂委员会：《四川省志·农业志上册》，成都：四川辞书出版社1996 年版，第 76 页。

节，六怕大减产，七怕吃粗粮，八怕遭埋怨"①。农民的这些担心不无道
理，存在数百年之久的冬水田本就能解决这些问题，传统的农业惯性使
农民不愿意冒险改革一种相当成熟且保险的耕作制度。他们的这种顾虑
从民国以来是一以贯之的。只是，20世纪70年代客观的社会情况已经发
生了很大的改变。零星的生产力经过高度的组织化，其改造能力也变得
空前强大，加之在水利、肥料方面投入的加大，都使得冬水田的改造变
得可能了。

第一，在思想认识上，通过动员说服教育，对反对改造的声音进行
批判。在当时，这种反对的意见往往会被认为是"因循守旧思想和懦夫
懒汉的世界观"，甚至被冠以"资产阶级反革命"的帽子。总之，通过思
想上的高度统一整合，使不同意改革的意见完全被压制了。当时的《四
川日报》用了这样一段话来描述为了某县改造冬水田时所开展的思想
工作：

> （潼南县）县委总结了本县这几年改造冬水田搞得好、生产上得
> 快的六个典型，让他们介绍经验。通过摆事实，讲道理，进行辩论、
> 说服教育，解决了多数人的认识问题。各区开会，也这样作了大量
> 思想政治工作。有个支部书记硬顶，不愿意改造冬水田。县委主要
> 负责同志就亲自和他谈话，反复耐心地对他进行说服。事实说明，
> 改造冬水田，斗争是十分激烈的，阶级敌人造谣攻击，资本主义倾
> 向严重的人抵制大干社会主义，有些人因循守旧，要排除阻力，关
> 键在于各级领导要敢批敢斗，做深入细致的思想工作②。

上述情况仅仅是这一时期，四川各地为改造冬水田所开展思想动员
与规训情况的一个缩影③。这样的思想动员让那些持有异议的人缄默了。
当然，也为今后冬水田的改造工作扫平了认识上的障碍。为此，在农事
宣传中诸如"干田排水早，一年两季好""干田炕得好，等于下肥料"等
提倡改造的谚语完全替代了原来那些像"有田不打冬，来年一场空""田
关冬水早，来年吃得饱"等主张保留的说法。

---

① 《潼南县开展改造冬水田大会战成效显著》，《四川日报》1977年9月27日。
② 《潼南县开展改造冬水田大会战成效显著》，《四川日报》1977年9月27日。
③ 在川北冬水田较多的盐亭县，川东的梁平县也都有类似的情况。参见《四川日
　报》1975年10月24日《用大寨精神战胜秋劳多种小春：垢溪公社千方百计保证
　今年改造的冬水田做到田干土细，实现小春高产》。

　　第二，水源、肥料、劳动力的保证。其实，改革冬水田的根本问题在于水源的保证。确保在水稻栽插时能提供充足的水源，是农民留冬水田的根本出发点。1949 年以来，四川农田水利化的水平逐渐提高，尤其是以农田水利建设、改田改土为中心的"农业学大寨"运动开始之后，一批中小型水利工程的修建使 20 世纪 70 年代以来冬水田的改造有了基本的水源保障。这个问题将在下节中专门探讨。此处重点讲述当时是如何解决另外两个问题的：肥料短期，劳动力紧张。改造后的冬水田由一季田变成两三季，虽然在粮食亩产可增产 300 多斤①，但是相应地对肥料、劳动力的投入需求更大。为解决应改造冬水田所带来的肥料、劳动力短缺问题，各地尽出妙招。南川县广辟肥源，发动社员们"冒着刺骨寒风在冰天雪地里拣野粪"，并且还打破了"不种油菜的老习惯"，于 1973 年种植 30 亩油菜，经过精心管理获得丰收。他们将油枯或直接充作肥料，或用作饲料，养猪积肥。此外，诸如"铲火灰""铲青草""秸秆还田""大种绿肥作物"等传统积肥方法，在这一时都被广泛用作开辟肥源的途径之一②。有的地方成立了专门的养猪积肥专业队，"在生产队上建立专门的养猪场，派专人养猪积肥，解决土地的用肥问题"③。大种绿肥作物紫云英也成为改造冬水田后土地补充肥料的重要方式④。对于实行稻麦连作后产生的农业生产需工量的增加，特别是秋播和"双抢"季节劳力打挤的问题，在当时主要依靠两种办法来解决：一是改革耕作制度，实行不同的作物连作制度，错开茬口⑤；一是依靠充分调动社员的工作积极性，加大劳动强度。《四川日报》对当时南川县的情形有如此记载：

① 《四川日报》1975 年 8 月 29 日《盐亭县利和公社根据水利条件积极改造冬水田》记载，该县利和公社五大队五生产队有冬水田 45 亩，好年景平均亩产只有 600 斤左右。1973 年，他们改造了 13 亩，变一季为两季，当年亩产达到 800 多斤，比未改前每亩净增 200 多斤，1974 年，改造 17 亩种一季麦子、一季水稻，亩产 900 多斤，比原来只种一季每亩增产 300 多斤。

② 《敢于斗争敢于革新——兴隆公社金花七队改造冬水田粮食亩产超千斤的调查》，《四川日报》1975 年 8 月 28 日。

③ 《平昌县认真办好常年养猪积肥专业队》，《四川日报》1975 年 9 月 14 日。

④ 南充县青居公社将 1 970 亩冬水田放干后，大种紫云英。参见《大种紫云英改造冬水田》，《四川日报》1975 年 9 月 14 日。

⑤ 垫江县的曹家公社根据因地制宜的原则，大力改革耕作制度，安排好麦、玉、苕、麦、玉、稻，油、稻、稻，（绿）肥、稻、稻，（榨）菜、烟、稻的种植面积共 4 000 亩，这样错开农活，"双抢"期间的活路反而减轻了。参见《深入思想发动及早做好准备》，《四川日报》1978 年 8 月 20 日。

　　社员们发扬苦干实干的精神，出大力，流大汗，拼命干，没有因劳力打挤而降低农业质量。队里的小春干田，全部用锄头挖，做到挖得深，耕得细。"双抢"时，要在短短的半月左右，把小春全部收回来，大春栽插下去。男女老少齐动员，白天抢收，晚上脱粒，日夜奋战，争分夺秒。今天一遍黄，明天一遍青①。

　　第三，改造策略更为合理。冬水田的改造方式可简单地归纳为一个"放"字，即放干田中积水。但因多年的蓄水管理，冬水田的田边往往都修有沟渠补给体系，于是周围的水源会不断注入田中；加之，有些位于低处或夹沟处的低田，本就容易积水。故要想彻底实现水旱轮作并非易事。"大跃进"期间改造冬水田之所以失败，就在于没有建立用于排灌的沟渠体系和补给的水利工程，造成了低田排不干、高田没水种稻的灾难性的后果。改造冬水田的关键性措施就是要建立排灌沟渠体系。其通常包括：排洪沟、排水沟、灌溉沟。这些沟渠都必须要深挖，使它们能"速排、速灌"，做到"洪水不入田，肥水不出田，田面水排得干，地下水降得下，岩层水截得断，灌溉水放得进"②。这种沟渠系统的布局通常由田外固定的深排水沟与田内的临时沟组成。田外排水沟贯穿整个田周，深度常在 1 米以上；田内临时开厢沟、横沟、围沟（图 5-1）③。

　　在很多浅丘、平坝地区，人们将冬水田改造与园田化运动结合起来，如遂宁的朝阳公社，在改造时打破"队与队之间的界限，统一规划，根据山形、水路、洪道分段划片，确定好排灌沟渠、机耕道、人行路的位置、规格和逐季、逐年施工的程序"④；绵阳地区的冬水田改造也要求"排水沟两旁为机耕道"并达到"园林化、条田化的标准，做到能水能旱，能排能灌，田边埂上栽桑"⑤。打破田地归属的界限实行园田化后，将修建统一的灌溉系统代替原来分散蓄水的冬水田模式。

① 《敢于斗争敢于革新——兴隆公社金花七队改造冬水田粮食亩产超千斤的调查》，《四川日报》1975 年 8 月 28 日。
② 中国科学院成都地理所：《四川农业地理》，成都：四川人民出版社 1980 年版，第 176 页。
③ 《潼南县开展改造冬水田大会战成效显著》，《四川日报》1977 年 9 月 27 日；《四川农业地理》，第 175 页。
④ 《干部带头干改造冬水田：朝阳公社大搞小型农田水利建设》，《四川日报》1977 年 8 月 18 日。
⑤ 赵继英：《绵阳改造冬水田忆录》选自《涪城文史资料选　第五辑》（内部资料）1997 年，第 53 页。

图 5-1　1977 年改造冬水田场景①

　　总之，生产关系变革后，农业技术改进受到的制约更小，加之生产单位的社会化、组织化程度提高后，政策对农业干预的力度更加迅速直接，1949 年以来，冬水田的提倡与改造活动都体现出了这样的特点。与 20 世纪 30、40 年代时的改造策略相比，这一时期的改造策略从制定到实践的过程更加直接，省去了中间的试验推广环节，虽然政策的执行力更强，但其间因失误带来的负面影响也更大。

第四节　新技术的出现与水利化水平的提高

　　四川那些位于丘陵高处的稻田，用水"上无来源，下离水面又在数十公尺之上，抽水乏术"②。因此，农民只有选择冬水田蓄积雨水，以备来年栽插之用。改造冬水田的关键在于水源的解决。从基本用水理念看，解决高处田地的灌溉问题，有"蓄"与"提"两种方式。蓄水需修筑诸如塘、陂之类的小型工程；提水则需各式提灌工具，传统的提灌工具主要有筒车、翻车、桔槔、戽斗等。在四川山区的水利灌溉中，筒车曾经发挥着重要的作用③。虽然，四川的筒车制式大，提灌高度可达 5~8 米，

---

① 《潼南县开展改造冬水田大会战成效显著》，《四川日报》1977 年 9 月 27 日。

② 孙辅世：《四川考察团报告之三水利·灌溉》（内部资料），1933 年，第 11 页。

③ 陈桂权：《清代以降四川水车灌溉述论》，《古今农业》2013 年第 2 期，第 65-74 页。

但其扬程始终有限，且其动力来自流水冲击，若水流缓慢亦不能运作。所以，1949年以前四川筒车虽多，但多架设于河流沿岸与灌区内部，仅能实现短距离的提水之用。对于那些丘陵高地的梯田亦是鞭长莫及的。另外，旧式筒车因"设计欠周"或"制造欠精"，提灌效率低微①。因此，民国时四川水利局组织水利专家对四川提灌水车进行了改造。尤其是1939年秋季，四川降水稀少，冬旱严重，在各地冬水田因无水源补给"多半龟裂，春耕极为可虑"②的情况下，省水利局组织专家成功地改进了4种传统提灌机具：其一，改良筒车。改良的筒车以木质材料制成，并增加束水装置以减少旧式筒车漏水的情况，同时利用新式轴承使得筒车转动的摩擦阻力更小。改造后的新式筒车直径为9.5米，宽2米，利用落差为1.10米的，流量1.3立方米/秒的水源为动力，在提水高度为7米的情况下出水量为36~60升/秒，其效率较旧式筒车提高了20%以上。其二，水力汲水机；其三，提水环车；其四，水力抽水机。此四种提水机具全部构造材料均为木质，成本低廉，耐用性较竹质强。另外，1940年，为更好解决四川丘陵地区田高水低的问题，省水利局在灌县兴建高地灌溉机械实验场，专门负责研究高地灌溉问题。该试验场的研究人员改良成"省力式龙骨车"以减轻传统水车的劳动强度。此处应重点论述第四种改进的提水设备，即水力抽水机，又称"离心力汲水机"。它是现代水轮泵的原型，由省水利局工程师刘砯研发。1940年，该水力抽水机装配于三台县郑泽堰灌区内试运行，其提水高度可达7米，出水量0.01立方米/秒，后又改为钢材制造，并于1943年"试制一批，用于三台县可亭堰安装5台，郑泽堰、彰明县长青堰安装2台"，同年7月，成都华阳县百贤堰建成后，即安装此种抽水机5台，经过多次改进后，其扬程可达20米，出水量0.4立方米/秒，可灌田0.8万亩③，其效率已非传统提灌工具可比。

四川的传统水利提灌工具在改进之后，效率提高，也出现了自动化的趋势，但此时传统水车依然是提灌的主力。它们并不能为改造冬水田提供水源上的保证。水车与冬水田互为补充，保障丘陵稻田绝大部分的用水是四川农田水利灌溉的一大特点。这种情况持续到20世纪60年代，

---

① 刘砯：《筒车与新式筒车》，《水工》1945年第2期，第23-42页。

② 无名氏：《四川水利局创制木质汲水机》，《现代农民》1940年第3卷第3期，第17页。

③ 无名氏：《四川水利局创制木质汲水机》，《现代农民》1940年第3卷第3期，第17页。

在水轮泵技术的推广后才有所改变。1963 年，四川省委提出"机电提灌"的方针后，全省兴建一批大中型提灌站实现高台地的农田提水灌溉，同时也为冬水田的改造创造前提条件。以成都双流县为例，该县位于成都西南部，全县的低山、丘陵地形占总面积的 70% 以上，有 50 多万亩的耕地位于其上，主要依靠塘、堰、冬水田蓄水灌溉①。其中，牧马山台地又位于双流县西南其"南北长 30 公里，东西宽 7~12 公里"，地势由西南向东南逐渐降低，平均高程 520 米，台地上共有耕地 22 万亩，其灌溉用水亦主要依靠"冬囤水田及塘堰灌溉"②。即便如此，用水也无确凿保障，时有旱灾。早在 1940 年，双流牧马山提灌工程就已经列入当时四川的水利建设计划，后因经费及政局变动最终未能实现。因此，冬水田仍为其用水的主要手段。1949 年之后，四川水利建设方针多次变动，尤其是1958 年在全国水利建设"蓄水为主、小型为主、社队自办为主"的方针下，四川省委结合具体情况提出"省内以修筑小型水利为主，结合进行一些中型工程"的水利建设方针，双流县牧马山水渠引水工程就是在此背景下建成。牧马山干渠解决了该地区高程 490 米以下农田的灌溉问题，使原来的冬水田改变为两季田，但其余耕地仍无灌溉保证。1961 年，四川省农田水利局组织技术人员对牧马山高程在 490 米以上的农田进行实地勘察，并制定出一套提灌计划，其主要内容是在牧马山台地修建 5 个电力提灌站，计划装机 28 台，总容量 4 136 千瓦，提灌农田 12.2 万亩。牧马山提灌工程于 1967 年最终完成，实际装机 29 台，总容量比计划小，有3 260 千瓦，可保证 5 万余亩农田的灌溉用水③。此外，全县其他地区随着各类中小型水利工程的建成，丘陵的地区的冬水田逐年改为两季田，据统计 1975 年全县冬水田不足 3 万亩，1979 年又降至 1.8 万亩，而 1949年这个数字是 18.24 万亩④。另外，在川北地区的梓潼县，提灌技术的出现也加速了冬水田的改造进程。据《梓潼县志》记载，清咸丰十一年（1861），梓潼县有冬水田 8 000 余亩，其后其面积逐渐增加，1916 年有17 930 余亩，1948 年已升至 6 万余亩，占到整个水稻田总面积的 50%。1949 年后，冬水田保水面积继续扩大，至 1953 年全县已有 9.99 万亩。

---

① 四川省双流县志编纂委员会：《双流县志》，成都：四川人民出版社 1992 年版，第 236 页。

② 《四川省水利志 第 3 卷》，成都：四川水利电力厅 1989 年版，第 324 页。

③ 同上书，第 325 页。

④ 四川省双流县志编纂委员会：《双流县志》，成都：四川人民出版社 1992 年版，第 236–237 页。

1956 年农业合作化时期，因部分小型水库及塘堰工程的修筑，梓潼县的冬水田得以改造，截至 1958 年全县改造冬水田 2 万余亩。之后，随着中小型水利工程的修建，特别是 20 世纪 70 年代电力提灌站的普及，有更多的冬水田得以改成两季田，时至 1993 年全县有冬水田 1.66 万亩，仅占水田总面积的 7.1%[①]。

截至 1996 年年底，四川兴建的各类水利工程达 57 万多处，其中建成水库工程 6 576 处，引水渠堰 116 处，山平塘 43 万处，石河堰 23 885 处。蓄引提水能力达 229 亿立方米，有效灌溉面积 3 486 万亩；而 1949 年时全川水利工程有效灌溉面积仅 801 万亩，水利工程处数仅有 22 万多处，蓄引提水能力 33.6 亿立方米[②]。总之，现代电力提灌技术的应用，在一定程度上可突破环境因素，如地形、高差、距离等对传统提水机具的限制，能满足远距离、高扬程的高地灌溉要求，使得原来那些不具备水利化条件的稻田也拥有了水源保证，进而解决农民用水的后顾之忧，也就为改造传统的冬水田种植模式创造了前提条件。应该说，提灌水利技术的进步是冬水田得以改造的技术前提。

小　结

通观四川省冬水田的变迁史，我们可以看出改造冬水田并不是一个单纯的技术问题，在土地私有制的前提下，这里面还涉及变革生产关系的经济问题。20 世纪 30—40 年代，对于如何改造冬水田，农业专家已经提出了正确的技术策略，只是囿于失衡租佃关系的阻碍，使当时的农业改进工作，包括冬水田的改造，收效甚微。20 世纪 50 年代之后，生产关系改造的完成使改造冬水田又成为一个以技术制约占主导地位的农业问题。这一时期在沿用以前的改进技术的同时，新技术的突破成为加速冬水田改造进程的重要影响因素。这里所指的新技术，便是机电甬灌、提灌技术。此处，我们不妨借用伊懋可在分析 18、19 世纪中国水利经济时所用到的"技术锁定"（Technological Lock-in）概念来分析改造冬水田的具体情况。"技术锁定"大意是指已有的次好技术因其较先确立所带来的

① 敬永金《梓潼县志》，北京：方志出版社 1999 年版，第 314 页。
② 水利部农村水利司：《新中国农田水利史略（1949—1998）》，北京：水利电力出版社 1999 年版，第 490 页。

优势而继续居于支配地位①。一旦陷入"技术锁定"模式中便进入一种为了维持既有利益，而不断付出更大成本的非平衡状态，对已得利益的维系使得人们不愿意、且不敢轻易放弃旧的技术，进而始终摆脱不了旧技术瓶颈的制约。伊懋可对帝制晚期中国水利事业的描述便是对"技术锁定"模式最为直观的呈现：

> 水利事业在历经令人印象深刻的早期成功及一些重大失误后，沿着一条技术稳步提高的曲线在前进，最终走向了受环境制约的前现代技术锁定阶段。也就是说，一旦修建了大型水利系统，它就会成为当地迈入佳境的基础，而且由于可能危及生计乃至身家性命，因此不可能轻易地被抛弃。在达到一定程度后，它也无法继续发展了②。

形成技术锁定的原因众多，环境因素是其中重要者之一。解开技术锁定常有赖于两种选择：一为积极的突破，即出现新的技术突破旧技术的瓶颈；一为消极的放弃，即抛弃原有技术模式，选择另外的发展方式，此方法会付出更高的成本，且实施难度更大。技术突破虽为解开技术锁定的最优办法，但形成新的技术突破并非易事，其往往需要一个相对长的技术准备、积累、进步期，不过一旦完成技术突破，通常都能较好地解决旧技术所不能应付的问题。

具体到冬水田技术而言，四川的自然环境因素与农民以稻米为主食的人文习惯使发展冬水田成为无自流灌溉地区水稻种植的技术选择。18世纪，冬水田的兴起扩展了四川水稻种植的面积与范围，提高了总产量，只是随着人口的不断增长，尤其是20世纪30年代进入全面抗战阶段，国家对粮食的需求大增，当时以保证水稻种植为目的的冬水田显然不能满足时下的需求。故出现了改造冬水田的呼声，也提出具体的改造办法。但这些改造办法既不能提供关键的新技术突破，又不能完全放弃种植水稻、改种旱作，且有失衡租佃关系的阻碍。所以，此时的改造依旧未能解开冬水田的技术锁定。直到20世纪60年代，现代高地灌溉技术普及后，四川修建了一大批提灌、泵管站，通过多级提灌使得丘陵半山腰以

---

① ［英］伊懋可：《大象的撤退：一部中国环境史》，梅雪芹，毛利霞，王玉山译，南京：江苏人民出版社2014年版，第136页。

② ［英］伊懋可：《大象的撤退：一部中国环境史》序言，梅雪芹，毛利霞，王玉山译，南京：江苏人民出版社2014年版，第2页。

下的丘陵梯田有了水利保障。因此，冬水田的改造得以大规模进行，且再无反复。高地水利灌溉技术的新突破是解开冬水田技术锁定的关键。由此不难看出，环境与技术这对相互作用因素在冬水田的兴衰史中发挥着重要的基础作用，即环境对传统水利技术的限制催生了冬水田的出现，而新水利技术对环境的突破又是大部分冬水田①消亡的关键因素。

---

① 此处说"大部分冬水田"是指那些梯田型冬水田，因获取水源较难才留冬水田。因此，改造这类冬水田的关键是提供水利灌溉保证；而沟田型冬水田蓄水容易、排水难，故改造这类冬水田的关键在排水。

第六章

冬水田未来之探讨

自 18 世纪冬水田在川省推行以来，其就成为丘陵地区水稻种植的主要用水保证，对于四川农业生产发挥了重要作用。自 20 世纪 60 年代始，冬水田陆续被改造成两季田或旱地，规模逐年缩减。近年来，有学者出于提高丘陵地区稻田抗旱能力的考虑，又提出了"适度恢复冬水田"的主张。本章的主要内容是基于前文对于冬水田变迁史的研究来分析这些主张，同时从更广的角度总结出适合丘陵地区农业抗旱的技术经验。

第一节　审视冬水田之恢复

经过长达半个多世纪的改造与反复后，截至 2011 年，四川冬水田的面积已经缩减到仅有 570 万亩①，主要是那些不易改造的沟田型冬水田。冬水田面积的缩减是水利事业发展的直接结果，是农业水利技术进步的表现。但当大面积的地表蓄水消失之后，由此也会带来一些问题：其一，削弱了稻田的抗旱能力；其二，因无拦蓄会损失更多的地表径流，且加剧水土流失；其三，不利于局部小气候的平稳。故自 2005 年始，便有学者主张应逐步恢复冬水田②；加之，2009 年云南、贵州、广西三省（区）的严重旱灾，让农业专家对四川丘陵地区的稻田抗旱问题有更为紧迫的

① 杨勇：《适度恢复我省冬水田》，《四川农村日报》2011 年 11 月 21 日。
② 刘继福：《恢复冬水田势在必行》，《四川水利》2005 年第 5 期，第 44-45 页。

认识，"适度恢复冬水田"的主张再被提出①。

一、恢复的主张

提倡适度恢复冬水田的主要理由无外乎这样三种：一是看重其"分散蓄水、分散用水"的优势，指望它能提高丘陵地区稻田的抗旱能力；二是强调过去冬水田面积缩减的危害，即降低了蓄水总量，旱灾发生频率更高；三是发展冬水田可以补充水利建设的不足。总之，看重冬水田蓄水功能，希冀其能防旱、抗旱是提倡恢复的核心理由。至于其在保持水土、调节局部小气候方面的功能虽已得到肯定，但此间所带来的收益与留蓄的成本却不易明确。故此处不做单独讨论。

从具体操作方案来看，有人主张丘陵地区的稻田应全面恢复过去冬水田蓄水模式；有人则主张重点恢复那些位于低处排水不畅、改造为两季田后粮油产量低的沟田与低田。同时，还需要加强稻田、塘堰、水库的蓄水功能。最后，可继续采用综合利用冬水田模式，发展稻田种养殖业以提高其综合收益。

二、分析与评价

对于提倡"（适度）恢复冬水田"的主张，作为学术讨论，此处将对其做一简要分析，以阐明其是否合理。

首先，通观四川冬水田的变迁史，可以发现其规模不断缩减的主因是配套水利设施的跟进与农田水利化水平的提高。那些因有水利保证而得以改造的冬水田若再谈恢复，显然是一种倒退。目前，四川所保留的冬水田主要是梯田型冬水田与部分排水难度大的沟田；亦有少部分囿于社会经济因素，农民不愿改造的坝田型冬水田。就梯田与沟田型冬水田而言，只要农民有种稻的需求，它们也将存续。如提倡者所言，恢复冬水田应选择那些地势低、排水不畅的低田，这类田改种旱作较难，却较易蓄水。这本是合理的做法，但若仅仅在这些地方恢复冬田蓄水，其对于抗旱保栽插意义不大。因为这些地方水源本就比较充足，田中积水也少有干涸。而真正水源无保证的是那些位于丘陵区的梯田。其实，这些地区的冬水田从未消失过，只不过是面积在缩减而已。导致冬水田减少、旱地增多的原因很多，如种田收益低、冬水田复种率低、劳动力不足，

---

① 熊洪：《适度恢复四川冬水田，提高稻田抗旱能力的建议》，《农业科技动态》2011年第15期，第1页。

甚至干旱本身。与沟田相比、梯田改种旱作是比较容易的，反之则困难重重（图6-1）。

图6-1 2012年川东北渠县春季丘陵处蓄水的冬水田①

其次，发挥冬水田综合效益是改造冬水田的方式，而不是恢复冬水田的条件。四川人民通过多年的探索已开创出合理的开发利用冬水田的模式，即种稻与养殖的结合。通过这一利用模式可以将昔日的"镜子田"变成"聚宝盆"，这点在很多地方已经得到了证实。不过，这种模式出现的初衷是改造冬水田，让其发挥更大的经济效益。若想以此作为可以恢复更多冬水田的依据，那便本末倒置了。在很多力主恢复冬水田的文章中多有此弊病。而且用作养殖的冬水田是有严格要求的：其一，其应是位于人居附近、至少不能太远；其二，其水源必须要有保障。

最后，受劳动力、提灌成本及肥料投入等社会经济因素的制约，冬水田依然是部分农民种稻的合理选择。故在没有统一强力的干预下，农民在选择留蓄冬水田这个问题上是有自己的考虑。他们的选择往往也会更切合实际。因此，政府不应该再过分干预农民的自主选择。"自主性"与"分散性"是冬水田蓄水的最大优势，虽然可能会牺牲部分粮食产量，但农民在选择冬水田时，会进行总体布局，哪些田蓄留冬水，哪些田种

---

① 图片来源于渠县农业信息网。

冬作，都会有合理的安排。研究四川冬水田的变迁史我们可以发现，虽然绝大多数冬水田的存在是因为基础水利设施建设落后所致，但随着 20 世纪 60 年代以来农田水利化水平的提高，那些能改、可改的冬水田在有水源保证的前提下基本得以改为两季田。总体上看，如今留存下来的冬水田是在当前水利技术与社会经济条件下较合理的选择，若农民有种稻需求，他们也自会确定冬水田适当的留蓄比例。近年来，在外出务工浪潮下，务农人数锐减，即便是有水源保证的良田，抛荒现象也不少见，农民种田兴趣的低落是冬水田规模不断下降的现实原因；加之平时疏于管理，部分冬水田也时有干涸风险，很难完全起到保水作用。在调查中，我获知以前常年蓄水的冬水田的保水效果很好，只要头年关满水，确保第二年栽插是没有问题的。但是，冬水田一旦断水，几年后若再蓄水，其保水效果就很差了。

　　总之，丘陵地区的农田因地形及经济成本所限，要完全实现引灌、提灌并不现实。所以，冬水田这种传统的分散用水形式依旧是这些稻田种植的主要水源保障。故其之于这些地区农田的重要性依旧。但冬水田又并不能完全解决稻田的用水问题，其常常需要其他配套的小型水利工程的补给。塘堰、引水渠、山坪塘等小型水利工程的修建是丘陵地区农业抗旱的主要水利形式。因为这些水利工程投入大，作用大，效益高，故政府理应加强这些小型水利工程建设；而冬水田留蓄成本低，且多年的耕作传统使得这项技术为稻农熟知，只要有所需求农民自会留蓄。至于希冀冬水田能提高丘陵稻田的抗旱能力，尤其是提高其应对大旱的能力的想法，虽然表面上看起来似有道理，但其到底能有多大效果？这个问题将在下节中详细讨论。故就政策导向而言，提倡加强丘陵地区小型水利工程的建设力度远比恢复冬水田的作用大。丘陵高地的农业灌溉问题一直是川省水利建设的重点，尤其是 20 世纪 60 年代以来一批大型骨干水利工程的修建，解决了大多数丘陵低处稻田的用水问题，高处稻田则依靠塘库蓄水。只是，我在调查中发现丘陵高处的这些储水设施因平时疏于管理，多有蓄水不足、渠道拥堵、引水不畅、蓄水质量差等问题。因此，注重提高已有蓄水工程的利用率，加强平时的蓄水管理，也是防旱、抗旱的重要措施。图 6-2，图 6-3 是一座位于丘陵高处的塘库，时值冬季因缺水，已近干涸，其补给渠道也被泥土填塞，被杂草掩盖。

图 6-2　冬季干涸的塘库　　　　　　图 6-3　拥塞的渠道

第二节　冬水田抗旱能力的历史评估

冬水田作为丘陵地区种植水稻的用水形式，它的出现是农民为追求水稻而愿意牺牲旱作的权宜之计。四川盆地夏秋多雨的气候特点，使冬水田在多数时候能保证水稻的按时栽插。但若遇气候异常，如秋冬少雨或春旱、伏旱，冬水田则极易成灾。总之，冬水田并无完全的水利保障。所谓"完全的水利保障"是指既能保证秧苗按时栽插，又能满足水稻生长期各阶段的用水需求。正如施建臣所言：冬水田"在雨水调匀之年，稻谷收获量较丰于两季水田，但稍遇天旱，即易成灾……若遇小旱冬水田可收五六成，大旱几颗粒无收。故川省有'插秧一半收'之谚，乃经历之语也"①。

一、正常年份冬水田的保水能力

所谓"正常年份"是指未发生旱情的年份。此处将分两期来考察冬水田作为一项水利灌溉工程的保水、保灌能力：其一，水稻种植期，川省一般情形为 5 至 8 月；其二，蓄水期，即 9 至翌年 4 月②。

---

① 施建臣：《四川省冬水田水稻需水量之研究》，《水工》1945 年第 2 卷第 1 期，第31 页。
② 各地蓄水时间不一，为便于讨论此处做统一最长蓄水期规定。

（一）种植期的用水计算与冬水田保水能力评估

据施建臣 1945 年的研究，每亩冬水田内所种水稻全季生长需蓄够 400 立方米的水量，即在插秧时田中蓄水深度需达 600 毫米①。除部分囤水田外，绝大多数普通冬水田的田埂高度通常为 300 毫米，蓄水深度为 200 毫米，故冬水田中水稻生长期的用水需求还有赖于降水补给。四川冬水田中稻种植的普通时期为 5 月至 8 月上旬，90 天左右，需要灌溉的期限为 5 月至 7 月下旬，约 80 天。这期间灌溉需水量除田中原来蓄水外，还需降水或引水补充。为更加明确地分析水稻生长期各阶段的需水情况，施建臣以每 20 天为一个分期将冬水田中水稻的 80 天灌溉期分为如下 4 个阶段。

第 Ⅰ 期　　5 月 10 日—5 月 29 日
第 Ⅱ 期　　5 月 30 日—6 月 18 日
第 Ⅲ 期　　6 月 19 日—7 月 8 日
第 Ⅳ 期　　7 月 9 日—7 月 28 日

从上述论证中推知若每期 20 日内田中的平均需水深度能达 150 毫米，即可满足水稻的用水需求。而要达到这个标准经大致计算，则每期的有效降水量需 90 毫米才无需用原来田中的蓄水量②。

据四川气候的特点，水稻栽插期即第 Ⅰ 期的有效降水量难以达到 90 毫米，且相差不少，故须赖冬水田中蓄水栽插，这也正是冬水田存在的主因。从第 Ⅱ 期始，川东地区有效降水量已足，其余各区有效降水较少，仍需蓄水补充；到第 Ⅲ、第 Ⅳ 期，盆地降水增多，各地降水均足以保证水稻生长之用③。由此可看出，冬水田蓄水之关键作用在于保证水稻栽插及早期生长用水。

---

① 1 亩≈666.66 平方米，每亩冬水田蓄水深度 h＝400 立方米/666.66 平方米≈0.600 米，即 600 毫米。

② 施建臣确定四川省水稻叶面蒸发量为 3.25 毫米/天，科间蒸发量为 2.52 毫米/天，冬水田的渗透量为 0.95 毫米，每亩冬水田日耗损水量为 6.72 毫米。"有效降水量"＝降水总量－科间蒸发量＝每期灌溉水量＝（叶面蒸发量+渗透量）×20＝（3.25+0.95）×20＝84 毫米，排除其他损耗，每期有效降水量达 90 毫米则可确保冬水田用水。

③ 施建臣：《四川省冬水田水稻需水量之研究》，《水工》1945 年第 2 卷第 1 期，第 33 页。

（二）蓄水期的水量计算

冬水田在头年水稻收割后与翌年栽插前有 8~9 个月的蓄水期限，其间因渗透耗损水量约 270 毫米，而全川冬水田区这期间降水超过 270 毫米的仅半数。也就是说，有将近一半的冬水田因渗透之故，田中原先所蓄的水会有所耗损。但因这样三个原因使冬水田在长达数月的蓄水耗损后，依旧能满足水稻栽插之需：其一，留蓄冬水田时农民往往高筑田塍，满满蓄水，即田中有充足的水量，以应对渗透与蒸发之损耗；其二，冬水田在水稻扬花至收割期间，田内始终尽量关蓄天雨及小溪涓流，以防冬干；其三，塘堰补给，为防止干旱，冬水田附近多配有塘堰，多雨时蓄水，缺水时对其进行补给。冬水田"附近掘塘蓄水或山溪中筑坝堵水以补充"是冬水田种稻的根本保证[1]。图 6-4 为冬季农民正在将塘堰中的水舀入冬水田中进行补给，而此时冬水田几近干涸。

图 6-4　冬季川北农民利用塘堰补给冬水田

总之，农民在长期的生产实践中对此问题有充分的认识。因而，他们十分重视冬水田的蓄水、保水工作。"加高田塍""修筑补给沟渠""做好日常管理与维护"等日常维护的技术手段，能使冬水田实现保证水稻按时栽插的初衷。

---

[1]　同治《重修昭化县志》卷九《堤堰》中关于塘堰与冬水田的补给关系，如此描述："平原之际，掘土为池塘以蓄天雨，有余则蓄之于塘，不足则出所蓄以泄之于田"。

二、旱灾时冬水田的抗旱能力

如上节所言，农民通过对冬水田蓄水的精细化管理及修筑塘堰、沟坝等补给水源，方能保证种植水稻的用水需求。不过，我们讨论的前提是无旱情，一旦发生旱情，冬水田的抗旱能力又当如何？在回答这个问题之前，需对旱情进行一个简单的分级，因为不同级别的旱情的致灾程度有别。冬水田这种常年蓄水的田，其土壤湿度与泥脚深度都较一般稻田更优。所以，在无外来水源救济的情况下，冬水田的抗旱能力相较于一般稻田强，这是毋庸置疑的。只是所谓水利保障，恰需要有可靠水利灌溉设施，以应对任何时候可能出现的旱情。就这点而言，冬水田的抗旱能力又不如有渠堰灌溉系统保证的坝田。

（一）四川旱灾等级评定

在评价冬水田抗旱能力之前，我们需要做的是区分旱情的等级。国内灾害史研究者根据历史文献及实际情况对于旱情的分级已形成了一套较为公认的基础评价指标[1]；就四川而言，张艳梅在《清代四川灾害时空分布研究》中基于已有的旱级评定方法及文献记载情况，确定了一套适合四川的旱灾级别评价指标，即将旱灾定位4级：1级轻度，2级中度，3级严重，4级特大[2]。各级旱灾的划分及旱情特点见表6-1。

表6-1　四川灾害等级划分[3]

等级	数值	灾害时间	旱情描述		
			降水情况	水文描述	其他环境特征
轻度灾害	1	单季旱	降水偏少，降水稀少，连续2月降水偏少，雨泽延期	小河皆断，部分塘堰皆涸	禾焦，日烈如火，栽秧大难

---

① 中国气象局气象研究员主编：《中国近五百年旱涝分布图集》，北京：地图出版社1981年版。
② 张艳梅：《清代四川旱灾时空分布研究》，西南大学硕士学位论文2008年，第16页。
③ 此表在张艳梅所制基础上略有改动。张艳梅：《清代四川旱灾时空分布研究》，第19页。

（续表）

等级	数值	灾害时间	旱情描述		
			降水情况	水文描述	其他环境特征
中度灾害	2	春夏旱夏秋旱冬春旱	连续 3~5 月不雨或降水偏少	井泉多涸，塘堰多干，较大河断流	禾苗枯死，竹子干死，水田干坼，冬囤水田干涸
严重灾害	3	跨年度 1 年以上	春夏秋连续 6 月无雨，或冬春夏连续 9 月无雨	主要河流如渠江、涪江、凯江等出现枯竭，河道干涸	树木尽枯，田畴龟坼，畎弗能播，热逾三伏，河中鱼死，田堰干涸
特大灾害	4	连续多年旱	连续 1 年以上无有效降水	大小河流几近断流、干涸，深井尽枯	赤地千里

（二）冬水田防旱能力判定

至于冬水田能应对何种级别的旱情，不仅取决于旱灾的级别，也与其类型有直接关系：沟田与梯田低处的冬水田，因蓄水较易，其蓄水深度常为普通冬水田的 2~3 倍，相当于小型塘堰，抗旱能力最强；一般冬水田的抗旱能力较弱，稍有干旱，便易干涸成灾。从上表中我们可以给出这样一个基本的判断：普通冬水田只能应对降水的季节不均，及轻微旱情，其最大功用便是通过提前蓄水以防止遇春季插秧时节天干无水的情况出现，保证按时栽插是其首要目的，也是它长期存在的主要缘由。如 1943 年冬，川西平原及川南、川北两区又久旱成灾，山地多设法储水，以备来春之用，其后果是当年冬作面积锐减[1]；囤水田（沟田与梯田底部的冬水田）的抗旱能力在 1 级左右，即能应对轻度单季旱灾。之所以会如此评定，是因为 1 级轻度旱灾的水文描述为"小河皆断，部分塘堰皆涸"其对农业的影响为"栽秧大难"。出现如此灾情，显然其旱级已超过普通冬水田的抗旱能力。囤水田蓄水较多、抗旱能力稍强，但也最多与塘堰相当，既然"部分塘堰皆涸"，换句话说，也就是部分蓄水较多的囤水田仅能勉强应对 1 级旱灾。

---

[1] 川农所统计室：《1944 年冬作面积最后估计》，《川农所简报》1944 年第 1-3 期，第 71 页。

在四川各地有关旱灾的记录中，"冬水田干涸"的描述频频出现于记载灌溉水利工程修筑事宜的文献中。这也是文献的作者用冬水田抗旱能力弱的现实来突显兴修渠灌水利工程的重要性。以盆地西部边缘的雅安天全县为例①，1949年该县的水利情况是这样的："全县共有渠堰灌溉53条，多属就地引溪沟水灌田，灌溉面积3 000余亩。全县90%以上农田靠蓄冬水为主，部分沙田和高岗田靠天水，称'望天田'。'望天田'也称旱田，可种两季，但因用水无法保障故而只能依靠雨水保栽插"。此类田通常"清明撒谷，谷雨插秧。川中各地多山，有的梯田一直修筑至山顶。川中夏季多雨，所以这些稻田，都是靠天吃饭。大半在五月初雨水来临，小麦等收获后，都可以把雨水在旱田中蓄满而后插秧"②若遇天旱，便会出现"冬水干涸，望天田'望天'无望，难以满栽满插，粮食减产"的情况。旱灾发生的不同时节，对冬水田的影响也完全不同：10月至翌年4月的干旱，常导致冬水田无法蓄水或蓄水不足，进而使农民无法种植水稻，或不能按时栽插。如1951年冬至1952年春，绵阳县未降一次大雨，致使冬水田干涸，秧苗无法按时栽插③。1990年，11月至翌年3月，四川盆地发生春旱，全省66.7万公顷稻田难以适时栽插，56.7万公顷冬水田缺水④。而5—8月为水稻生长、成熟期，此间若有旱情，常有减产或绝收的风险。如1972年7—9月，三台县连续干旱，三月降水量仅80毫米左右，80%的塘堰干涸，60%的冬水田干旱⑤。故冬水田这种以保证水稻按时栽插的水利形式，抗旱能力是相当有限的，且"若年景不好，出现冬干春旱，冬水田干涸，十之八九的又成为不种小春的板炕田"。由此带来的后果是适逢插秧时节，冬水田与小春田不但有争水之虞，还使劳动力的分配与调度更为紧张，加剧水、肥、劳力使用的矛盾⑥。低处冬水田尚且如此，高处冬水田抗旱能力就更弱了：

---

① 四川省县志编撰委员会：《天全县志》，成都：四川科学技术出版社1997年版，第249页。

② 李先闻：《李先闻自述》，长沙：湖南教育出版社2009年版，第188页。

③ 侯宗碧：《四川省都江堰人民渠道第二管理处志》，成都：四川大学出版社2008年版，第10页。

④ 刘永红，李茂松编著：《四川季节性干旱与农业防控节水技术研究》，北京：科学出版社2011年版，第462页。

⑤ 三台县志编撰委员会：《三台县志》，成都：四川人民出版社1992年版，第115页。

⑥ 蒲江县政协文史资料委员会：《蒲江文史资料选辑第七辑》（内部资料）1993年，第59页。

山田为山顶之田，灌溉皆恃天雨为唯一之来源，通常蓄水过冬又名冬水田，年产仅水稻一季，一年之中田地只有四个月之利用。当地粮食之丰歉，率依雨水之沾枯为转移。若遇亢旱，坐视伤农。加以年年蓄水过冬，土质逐渐黏重，农村生计日艰。农民多不肯施肥，名曰白水庄稼，每逢大旱土坚如石，即改种旱粮或直播水稻①。

综上所述，可以看出普通冬水田的抗旱能力较弱、根本不足以应对旱灾②；囤水田虽有部分塘堰功能，也仅能应付 1 级轻度旱情，使其不至于成灾。故那种以提高丘陵地区稻田抗旱能力为目的，提倡恢复冬水田的主张并未看到问题的实质，亦不能解决实际问题。

第三节　山区农业防旱、抗旱的技术路径选择

一、重点发展小型水利工程

兴修水利是农业的先导，也是农业防旱、抗旱的主要技术手段，相较于平衍地区，山区水利建设的难度更大、形式也更为多样。总结历史上山区的水利建设经验可知："提""蓄""引"这三种形式是其主要的用水方式。"提水"主要是通过水利机具通常为翻车、筒车、桔槔，将低处水提灌高处田地；"蓄水"乃为开挖陂塘、水库，蓄水以资灌溉③；"引水"，山区多引山泉、溪水灌溉。在明清的方志中的水利部分，读者可经常看到描述当地农业用水形式多样化的文字。以道光《中江县新志》为例，该志卷二《水利》部分简明扼要地概括了当地山区的农业用水形

---

① 许传经：《发展四川省农田水利之途径》，《农本月刊》1940 年第 37 期，第 3 页。
② 周祖宪：《水旱频仍的四川农田水利与作物栽培之研究》，《农报》1936 年第 3 卷第 23 期，第 1198 页："四川地虽膏腴，物产丰富，然除成都平原外，则多属山地，平壤绝少，故无水利之可言。田亩皆随地开凿，高地不一，俨如阶梯，即所称之阶级田是也。农民唯一防旱之法，除掘池贮水外（名曰堰塘），冬季之田，皆饱蓄水量，不另种植（名曰冬水田）；然此又坐失地利，而于亢旸大旱，仍不能彻底避免；故在雨旸调匀之年，收成颇丰，而若逢大潦大旱则成农村之厄运。"
③ 关于"提水"与"蓄水"两种形式，前文已有论述，参见第 2 章，第 2 节。

式，其称：

> 邑境地势恒多绵亘而下，择土厚水聚之处，挑挖成塘，蓄积雨水，或大或小，因地制宜，皆足灌溉，总名曰塘堰。……邑境山麓之田，水下田高，势难灌入，则古桔槔之属。地矮以两人挽，引水上升，民曰手车。地高则置木架，四人排坐，各以其足踩运汲水，名曰脚车。邑境高山之上，恒有泉出，虽天旱不涸。居民为塘盛之，或灌溉数亩及数十亩不等，名曰泉水田。邑境亦有拦水作堰，岸边造屋一所，中置木盘，运以长绳，用牛推挽，汲水上升，名曰牛车①。

此材料虽就中江一县立论，但其呈现的情况在四川，乃至整个南方山区均有普遍性②。又如，同样是地形以丘陵为主的川北梓潼县"高阜平衍处所，开筑塘堰蓄水灌溉；河边或□□，筒车取水入沟；高田亦可用龙骨车，多人齐力绞水入田；沟渠难通之处，或可安设枧槽引水分灌"③。

上述情况基本涵盖丘陵地区农业水利的主要类型。"提"与"蓄"两种方式前文已有论述，此处重点讨论"引水"。山区引水灌溉难度较大，因水性就下，故引水之源也多限于山中泉水、溪流，此类引泉灌溉的水利设施在川省被称作"泉堰"，受灌之田为"泉田"。四川利用泉水灌溉以德阳地区最具典型。清代，该县境内大江、大河"所不及者，则乡村就近相地势高下，各开泉堰"④。其泉堰灌溉规模之大，流经距离之远，并不亚于他处的中小型河堰。据统计至清同治时，德阳县有较大泉堰90

---

① 道光《中江县新志》卷二《建制·水利》。

② 多样化的农田水利利用方式是清代四川盆地周边丘陵、山区发展水利事业的一大特点。这是受地理环境因素的影响而成的。对此，萧正洪已从农业技术选择与环境的关系角度做了诠释。参见萧正洪：《环境与技术选择——清代中国西部地区农业技术地理研究》，北京：中国社会科学出版社 1998 年版，第 111–115 页；关于明清时期南方山区的水利发展与农业开发，可参见张芳：《明清南方山区的水利发展与农业生产》，《中国农史》1997 年第 1 期，第 24–31 页。

③ 咸丰《重修梓潼县志》卷一《水利》。

④ 同治《德阳县志》卷九《水利志》。

道，其中不乏灌溉面积可达千余亩的大型泉堰①。

泉堰灌溉山田往往由上而下，依次分级灌溉，主干渠道与分支渠道，层层分水形成山田灌溉系统，其"有一泉分十余沟，十余户者；有分数十沟、数十户者；更有分百余沟、百余户、千余户者，势如瓜瓞之蔓延，如柳枝之纷出，左之右之不可枚举"②。另外，若泉源与需溉之田间有阻隔，乡民则架设筒槽，越沟引水。《三农记》云："彼面高山有水、此面高山有田、下有深壑，须于彼面高山中枧水涌溢，法须用大竹筒去中节令通，埋于彼高流处，引水于筒中，以筒接续而曲屈于此高山处，透其

---

① 参见清代德阳县大型泉堰一览表

堰名	方位	灌溉面积（亩）	备注
孝泉	县西 40 里	5 000 余	由五股泉汇集而成
贾家泉	县西北 50 里	3 000 余	流经 15 里
上菖蒲泉	县北 40 里	1 000 余	流经 12 里
下菖蒲泉	县北 40 里	1 000 余	流经 8 里
琵琶泉	县北 20 里	2 000 余	—
黄施泉	县北 32 里	10 000 余	—
石龙泉	县北 32 里	1 000 余	—
侯家泉	县北 25 里	1 600 余	—
龙泉堰	县北 25 里	30 000 余	—
杨柳泉	县北 21 里	1 000 余	—
欧家泉	县北 24 里	3 000 余	—
朱家泉	县西 30 里	1 000 余	—
冯家泉	县西 40 里	2 000 余	—
龙尾泉	县西 13 里	3 000 余	流经 6 里
梁家泉	县西 38 里	1 000 余	—
詹家泉	县北 32 里	1 000 余	—
石家泉	县北 60 里	1 000 余	—

注：此表据，同治《德阳县志》卷九《水利志》中数据所编制，仅供参考。

② （清）阚昌言：《蓄水说》自同治《直隶绵州志》卷十《水利》。

简口，出水若涌泉然，任其浇灌"①。此即农民灵活多样地利用山间水利的表现之一。绵阳地区亦有泉堰，其灌溉规模虽不若德阳泉堰之大，但却是山区农田灌溉与人畜饮水的重要来源②。

引泉水溉田在一定程度上解决了山区农田的灌溉问题，但由于泉水多出自地下，水温较低，对秧苗的生长发育会有一定影响。故又有一些与之配套的技术手段以资纠正：其一，用石灰、骨及蚌蛤灰粪田进行中和③；其二，"引""蓄"技术上的改进，如开挖弯曲的引水渠道，以增加阳光照射泉水的时间，提高水温以及水渠与塘堰配套使用。阚昌言在德阳推广冬水田时，便说："德阳之地多是地中出泉，水多冷冽，又多重峦密雾，恒雨恒阴，若预蓄水于田，令水多沾土气，阳和暴照则寒气消除"④。其三，改进山田的灌溉方式，一般情况下，山田的灌溉次序是先溉高田，再依次而下，低田得水最迟。此虽符流水就下的性质，却不合作物种植时宜。因"高田寒，禾苗稍迟；低田暖，禾苗较早"，若从高至低灌溉，则低田"得水不时，少有收获"。于是，有人创"逆灌法"，先溉低田，再灌高田，如此便可弥补顺灌的缺陷⑤。

此外，塘堰对于四川山区的农业发展也有重要作用。明清时在四川丘陵、山地区，凡田间地头，有水之地多有堰塘存在⑥。之后，兴修塘堰蓄水乃川省水利建设重点之一。时至今日，塘堰依然是山区农业抗旱、防旱的主要水利手段，仍需重点发展。

上述几种水利形式已囊括川省山区主要用水途径。可以看出，山区的水利建设需坚持小型化，多元化的基本方针，充分利用各种水源以资灌溉。如今，丘陵水利工程在修筑技术上较以前更为精细，塘堰、山平

---

① （清）张宗法著，邹介正等校释：《三农记校释》，北京：农业出版社 1989 年版，第 167 页。

② 同治《直隶绵州志》卷十《水利》：绵阳地区泉堰主要有三：意期泉位于县北 20 里之七星坝，灌田百余亩；范泉，县北 68 里荆山之西，灌田数十亩，冬夏不竭；凉水泉，县北 90 里，九龙山下，泉极清冷，灌田 60 余亩。

③ （明）徐光启：《农政全书》卷之七，上海：上海古籍出版社 2011 年版，第 139 页。

④ （清）阚昌言：《蓄水说》自同治《直隶绵州志》卷十《水利》。

⑤ 嘉庆《嘉定府志》卷三十二："水头（高地）田寒，禾苗稍迟，水尾（低地）田暖，禾苗较早。旧例引水灌溉先水头，次水尾。于是，他便改为先水尾，后水头，彼此无碍而秋成加倍。"

⑥ 嘉庆《中江县志》卷二《水利志》："中江山谷峻深，近河地多田少，除筒车堰外山谷皆于田之上游筑土作堤，积蓄雨水以灌溉，总名堰塘。"

塘等蓄水工程的保水能力更强。另外，20世纪60年代湖南丘陵水利建设经验总结出来的"引—蓄—灌"相互结合的"长藤结瓜"水利模式①，也同样适合四川丘陵地区且经过推广，在部分地区已经得到应用。在灌溉方式上，机电泵灌的推广扩大了灌溉距离，提高了农田的抗旱能力。

总之，兴修水利始终是农田防旱、抗旱的基本技术手段，亦是历来发展农业的先决条件，故不必多言。只是囿于自然环境及社会经济条件的限制，丘陵地区的农田要完全实现水利化并不现实。故在现有水利条件下，提高农业抗旱能力还需从改进作物栽培制度与耕作技术方面入手。

二、改进作物栽培制度与耕作技术

丘陵地区的稻田在遇旱灾秧苗不能及时栽插的情况下，补救措施常为"改种旱作"或"直播水稻"。此两种应对方法：一为作物制度的变革；一为栽培技术的改进，二者均是在改善水利条件以外，农民应对旱灾的众多常规技术之中的代表。总结农业防旱、抗旱的历史经验，我们可以看到，诸如改进作物栽培制度、选育耐旱品种、种植耐旱作物、革新耕作技术等，均可在不同程度上起到应对旱灾的作用，分述如下。

（一）实行多熟制

以往，四川丘陵地区的稻田为保证水稻的按时种植，留蓄冬水田是农民的传统技术，为了保证足够的水量稻田全年多达7个月的时间用作蓄水，故仅种植一季中稻。正如上节所分析的那样，冬水田仅能保证正常年份水稻的用水，稍有旱情便易成灾，而一年一熟的作物栽培制度应对旱灾的能力又最弱。若能改变丘陵地区冬水田只种一季中稻的传统做法，实行多熟制，便可在一定程度上减轻旱灾带来的损失。高处梯田完全可改种旱作，以四川的降水与气候条件，丘陵、山地种植旱作，相较于发展冬水田种水稻，将更有保障；低处沟田则可推行双季稻，或实行水旱轮作。多熟栽培制度互为补充，就粮食收成而言通常可起到"失之东隅收之桑榆"的效果，提高丘陵地区农业的抗旱能力以尽量减少损失。

---

① "藤"是指渠道，"瓜"是指主库或引水枢纽以外的塘库。实践中"瓜"又有两种类型：高于输水渠道的"高瓜"，起补偿调节作用；位于输水渠道与配水渠道间的"低瓜"起反调节作用。骨干工程（主库或引水枢纽）与"高瓜""低瓜"相互配合，相互调剂，构成一个有机的联合总体。参见《南方丘陵水利组讨论小结》，《水利水电技术》1965年第12期，第35页。

(二) 选育推广耐旱品种

丘陵地区因受水、热条件的限制，多种植中、晚稻，故应选育耐旱性更强的稻种，如 20 世纪 40 年代，晚稻浙场 3 号在川北丘陵地区的推广便取得了相当好的效果，其后川农所又选出了 22 个耐性的水稻品种，以适应丘陵梯田稻区①。另外，种植旱稻也是丘陵地区农业应对旱灾的另一技术，如成书于 1768 年的《江津县志》的编撰者，在总结应对旱灾的技术措施时称旱稻"适宜于山土，不忌干旱，县名栽者颇少，宜多购种"②。就全川范围来看，旱稻的种植十分少见，究其原因主要是缺少相应的品种。时至 1936 年，当时虽有选育成功的旱稻品种，但"在川省境内尚不多见"③，故杨开渠希望通过"向外省征集；向国外征集；在本省水稻品种中选择耐旱性强者"④ 三种途径发现适合四川的旱稻品种。在实践中主要通过自主选育的方式筛选出了耐旱性较强的水稻品种。1958 年，四川农学院成功选育旱稻品种"跃进 109""跃进 110"，该系品种具有矮秆、粒大的特性⑤，种植效果良好。总之，四川山区的旱稻种植，在南方地区颇具典型，目前主要分布在南部山区⑥，其余地区仅有零星种植。鉴于旱稻在节水、抗旱方面的优势，其也是丘陵地区，尤其是那些位于丘陵高阜处的稻田种植的另一可行技术选择。

(三) 种植耐旱作物

四川丘陵地区若种植旱作其抗旱能力，无疑是强于水稻。故在农业布局规划时应适当扩大旱作比例，"广植荞麦、甘薯、麦类、豆类、玉蜀黍、马铃薯"⑦ 等旱作。正如前文所分析，四川丘陵地区之所以会有如此大规模的冬水田存在，主要是外来移民入川后，受饮食习惯与技术思维

---

① 无名氏：《四川省水稻耐旱品种之发现及其特征》，《农业推广通讯》1940 年第 2 期，第 26 页。

② 乾隆《江津县志》卷六《食货志》。

③ 周祖宪：《水旱频仍的四川农田水利与作物栽培之研究与作物栽培之研究》，《农报》1936 年第 3 卷第 23 期，第 1206 页。

④ 杨开渠：《四川省稻作增收计划书》，《现代读物》1936 年第 11 期，第 18 页。

⑤ 万建民：《中国水稻遗传育种与品种系谱（1986—2005）》，北京：中国农业出版社 2010 年版，第 446 页。

⑥ 同上，第 441 页。

⑦ 周祖宪：《水旱频仍的四川农田水利与作物栽培之研究》，《农报》1936 年第 3 卷第 23 期，第 1206 页。

所限，他们愿意付出更多的代价去种植水稻。在以米为主食的群体中，"饭"的概念就约等于米。虽然，农民在具体的种植布局中也会适当种植其他作物，但以稻为主的种植模式基本不会有大的变动。这样一来势必会削弱丘陵地区农业的抗旱能力，改进办法当是在水利条件不具备的地方尽量多种旱作。在"大粮食"[1]观的指导下，种植旱作的选择更为丰富，且更有利于生物多样性的维持。加之，2015年1月，国家将"土豆主粮化"提升为国家粮食安全战略层面，为马铃薯在四川丘陵地区种植规模的扩展提供了契机。

（四）耕作技术

改进栽培制度是从农业布局与设计上的防旱技术措施，而耕作技术层面的应用，更多的是于旱情发生时的一种抗旱补救手段。在四川丘陵地区影响水稻种植的主要威胁就是"春旱"，使其不能按时栽插，故才有了以保证水稻按时栽插为主要目的的冬水田。即便如此，也有部分田地全无水源，且"塘亦易涸，干螃田冬水亦不能蓄"[2]。农民称这些田为"望天田"。春雨来时的早晚与多寡决定了"望天田"里秧苗的栽插时间。农作物种植是要求时节的，错过时节便有减产甚至绝收的风险。若春季时雨水不足，农民便只有通过改变布种方式以为应对。乾隆《江津县志》中记载了一种"夹种"技术，就是当地农民在水源不足条件下所采用的播种技术。其具体做法是：

> 旱田平时耕犁，遇有雨时，再翻犁一过，随犁随布种，其犁路须不疏不密，所播之种，乃得均匀。种播既毕，再耙一过，使细土覆种，数日后，出秧苗，有行列，宛如栽插。其根深入土中，最能耐旱，些须得雨，即有收获[3]。

---

[1] 所谓"大粮食"是植物生态学家侯学煜在1981年提出，他认为：凡是能吃的，都应该看作是粮食。除了水稻、玉米、小麦、高粱等禾本科作物是粮食外，花生、水果、蔬菜、茶油、板栗、核桃、油料、肉、蛋、奶、鱼、虾等都应该被看作是粮食的主要组成部分。参见张素秋、吕宝海《当代新经济术语》，北京：中国财政经济出版社1990年版，第21页。我以为"大粮食"观将以往传统农学中"救荒""备荒"作物纳入"粮食"概念体系，其有助于农业多样化发展，并提高粮食安全性。

[2] 乾隆《江津县志》卷六《食货志》。

[3] 同上。

"夹种"的技术原理在于平时的犁耕有保墒作用，趁雨时再翻犁，可将水分掩入土中；随即布种，有利于种子充分吸收利用土壤中的水分；最后的耙匀再用细土覆盖，又可再次减少水分散失，以最大限度地保存土壤中的含水量。这样通常层层覆盖的方式，尽量减少水分的散失以达到抗旱的效果。"夹种"的得名恐也缘于此理。县志的编撰者在评价"夹种"技术时，称"与其待雨足而失时，不如此法之善"。江津地区"夹种"法的实质就是旱地直播技术①，这与宋代湖北安陆地区的"打干种"② 技术有相似处。

旱地直播是山田应对栽插时水量不足问题的常规技术选择。清代四川部分丘陵地区的稻田就出现了旱地直播。1937 年，四川省立教育学院的曾吉夫博士用通俗的语言对旱地直播技术做了最完整的介绍③：

第一，整干田，把干田的泥巴挖起来，弄得平平整整的，就打起很深的窝窝，窝窝的稀密，跟上年的栽秧远近一样，若是找得到水，就淋点水更好，不淋也要得。

第二，点谷种，打好的窝窝，如其完全干的，就点十几颗干谷种，若是搭过水或下过雨的，泥巴有点湿的时候，就把谷种先泡过三四天才点下去，这是顶好的法子。

第三，盖草灰，谷种点在窝窝内，就盖点草灰，如果没有草灰，就盖点细沙沙也要得。

第四，时期，点的秧子比栽的秧子长得快，就迟一点时间，也不要紧，总在阳历四月十号到五月一号内，都可以点的，若是他们不信点谷种的话，过了这个时期，就有水来，亦没法了。

第五，淹水，谷种点在窝窝内，慢慢地发芽，长到二四寸高的时候，天若下雨就可以淹一点水，若是再迟一些时候才下雨，亦不怕得，因为点得秧比栽的秧子经干得多，就是田干开口子了，秧子干黄了，也不要紧，等雨水一来，它就转青了。所以只要点下去横顺就有收的。

第六，粮食田内点谷种，你们的田内若是已经点得有麦子、胡

---

① 关于水稻的旱地直播技术，曾雄生先生有系统而详尽的论述。参见游修龄、曾雄生《中国稻作文化史》，上海：上海人民出版社 2010 年版，第 240–250 页。

② （北宋）王得臣：《尘史》卷三："安陆地宜稻，春雨不足，则谓之打干种。盖人、牛、种子倍费"。

③ 曾吉夫：《水稻干田直播法》，《北碚月刊》，1937 年第 7 期，第 10–11 页。

豆、豌豆的时候，那就更要点谷种，照上面得法子在粮食的空空头，一窝一窝的点下去，盖点灰，更不怕干，收入粮食秧子就长起来了，这样更收得多了。

曾吉夫提倡的干田直播法不仅可以解决因春旱造成无法插秧的问题，而且他将直播技术用于间作套种，在旱粮食田中直播稻子，提高土地的利用率①，一定程度上增加了土地单位面积上的总产出，可弥补旱情带来的损失。

作物生长期内若遇旱情，就需通过加强田间管理的方式以强化农作物抗旱能力。具体办法主要包括，多施有机肥料、中耕除草。农家常用有机肥料如绿肥、堆肥、厩肥，将其施于土中"不特即行分解，供给作物养分，更能增加土中有机质。此种有机质对于土壤之肥沃，水分之蓄积，均有绝大关系"。这是由有机质本身的化学特性所决定的。因其"为多孔性物质，当分解时，生出一种胶质物，具有疏松之组织，善能吸收水分，如与土壤中无机部分混合，能使土壤疏松，减少毛管水之上升，蓄水力及保水力也因之增大。故直接间接得以增加作物之抗旱力"②。中耕除草也是应对旱灾的常用技术手段，其原理在于通过锄地翻土，既能破除土壤结壳，又可使土壤疏松有利于其吸收表层水分，并防止土壤毛管水上升散失，减少杂草对水分的吸收与蒸发，以节省养分与水分。农谚云："锄头三寸泽"所含道理即此。若能不惜工力，且欲最大限度提高土壤抗旱能力，可在中耕之后，"于该地表土上，覆以草蒿，或已枯之杂草及其他避覆物者，亦可以减少土壤中之蒸发量"③。

此外，土壤深耕也可提高土壤的抗旱能力。水田深耕可使土壤深且松软，易于水稻等作物根部的发育，入土深其吸收水分、养分的能力强，减少土壤中水分的发散，增加土壤蓄水力。旱地深耕既可以改善底部土壤的物理性质，又能使下层土壤疏松，水分比较容易渗入，增加土壤含水比例，保存备用以提高耐旱力。

---

① 游修龄，曾雄生：《中国稻作文化史》，上海：上海人民出版社 2010 年版，第 248 页。

② 周祖宪：《水旱频仍的四川农田水利与作物栽培之研究与作物栽培之研究》，《农报》1936 年第 3 卷第 23 期，第 1207 页。

③ 同上。

三、退耕还林还牧

对于丘陵高处较为贫瘠的土地可以采取退耕还林、还牧的方式来恢复植被。正如前文中所言，四川丘陵地区普遍存在着过度开垦的问题，这是由历史原因造成的。从清乾隆朝以来，在人地矛盾不断加剧的前提下，四川乃至整个南方地区的丘陵被不断开发为农田，其中有许多地区的环境条件并不是发展种植业的最佳选择。在农业惯性与农民自己种植习惯的共同作用下，这些地区亦被开发成田地。即便种出了粮食，但其代价也相当严重，水土流失加剧、生态环境遭到破坏，从整体上削弱了区域农业的御旱能力。因此，适时地通过退耕还林、还牧的方式恢复植被，既可以保持水土，也有利于丘陵地区的水源涵养提高农田抗旱能力。此乃远期之计。

小　结

四川冬水田出现的初衷是为了保证秧苗的按时栽插，在降水正常的年份，其可以满足山区水稻种植的需求，但冬水田的抗旱能力较弱，普通冬水田仅能调节季节降水的不均；囤水田虽有泥脚较深，蓄水较多的优点，并具塘堰的部分功能，但其也仅能应对轻度旱情。若旱情级别加重，冬水田便无能为力了。故希冀再度恢复冬水田以提高稻田抗旱能力的主张是有欠妥当的。蓄水的"自主性"与"分散性"是冬水田的最大优势，因此，我们应该充分尊重农民选择冬水田的自主性。对于如何解决丘陵地区农业防旱、抗旱的问题，总结历史经验我们可以看到，兴修水利是常规手段，水利始终是农业的保障之一，丘陵地区因环境所限，其水利技术与平坝地区自有不同，"多样化""小型化"始终是其最大特点，"提""蓄""引"三种方式搭配使用。就四川而言，塘堰蓄水与留蓄冬水田是丘陵地区的主要用水形式，在那些冬水田得以改造的地区，塘堰依旧发挥着作用，而蓄水方式的变化：从分散到集中，在水利化水平提高的前提之下，不但能提高土地利用率，也不会削弱稻田的抗旱能力。新技术的运用虽提高了引水、用水效率，但并未从根本上改变丘陵地区的水利情况，"小型化""多元化"依旧是水利建设的基本原则。丘陵地区除加强小型水利工程建设之外，改进作物栽培制度与抗旱耕作技术的应用，亦是农业提高防旱、抗旱能力的重要技术手段。多熟制与以旱作为主的多元化农作物布局，可提高丘陵地区农业的防旱能力；直播技术与加强田间管理则是旱情之下，提高田地抗旱能力的常规耕作技术。

总之，提高丘陵地区农业防旱、抗旱能力要从总体出发，将水利建设、作物栽培制度的改进与抗旱耕作技术的应用统一结合，以期尽量避免旱情，减少灾害带来的损失。

结　论

本书基于对四川冬水田演变历程的全面研究，讨论了五个主要问题，其中涉及冬水田技术的由来、历史的演变、技术特点、影响其变化的主要因素及其未来的发展趋势，在此基础上本研究回答了另外一个核心问题，即"丘陵地区农业防旱、抗旱的技术选择"。主要结论与建议如下，以为丘陵农业的发展道路选择提供历史借鉴。

一、冬水田起源与传播新论

对于冬水田的起源问题，学界目前仍然存在较大争议，囿于资料所限我们尚不能给出定论，以往学者们所提出的各种说法，多属依据某一材料做出的单一论断，难以令人信服，唯张芳的研究在对现有史料排比分析的基础之上，给出了较为客观的推断。本书在她研究的基础之上，以技术传播、演变的视角来重新审视四川冬水田的起源问题，通过对比研究，我认为四川冬水田是流行于江南地区的冬沤田技术原理传入四川后的变式。四川多丘陵、山地的地形特点，春季少雨的气候特点及外来移民依赖米食的习惯等因素，共同促成了清初冬水田在四川大规模兴起；宦蜀官员与外来移民是冬水田技术传播的主要载体。虽然从文献上看，冬水田兴起过程中官员发挥着主要作用，但我们并不能以此断定冬水田就是最早由官员群体引入。依据现实经验看，移民群体在农业技术的传播过程中可能起到了更大的作用。

二、冬水田演变趋势与改造策略

四川冬水田兴起于 18 世纪，作为地方农田水利建设的重要内容，它的兴起出现与当时社会经济恢复的时代背景密切相关。冬水田以其便捷性很快地适应了四川多丘陵的地形环境特点，并形成了独特的耕作制度，塑造出鲜明的丘陵稻田农业景观。20 世纪 30 年代之前，冬水田成为四川丘陵地区水稻种植的主要用水保证，保守估计其规模占到整个稻田总面积的六成以上。故它的丰歉直接影响着四川粮食产量的高低。从 20 世纪30 年代开始，在改造传统农业与为抗战准备的时代背景下，农业专家开始审视四川冬水田的经济性与必要性，他们大多认为冬水田虽有保证栽插、抗旱、防虫等功能，但其过长的蓄水期降低了稻田的利用率，不利于粮食总产量的增加。因此，他们主张改造冬水田。具体改造策略有三：一是在不改变冬水田蓄水模式的前提下，以种植双季稻的方式延长其利用期，进而达到增产目的；二是通过集中立体蓄水方式，改部分冬水田为两季水旱轮作田，主要在梯田中进行；三是推广冬水田种植绿肥作物，以提高土壤肥力进而保证单季产量。虽然，这一时期政府在工程水利建设方面也进行了大量投入，但受经济及技术所限，丘陵地区的水利建设程度依然不高，且当时对粮食的需求较为紧迫。故农业专家对冬水田的改进措施多为投入小、见效快、有经验借鉴的技术。20 世纪 30—40 年代，四川冬水田的改进工作多在试验场或部分区域小规模实行，对冬水田总体规模影响并不大，抗战结束后随着农业改进工作的衰落，冬水田仍旧成为农民的主要选择，规模恢复如前。这种情况一致持续到 1958 年才有所改变。

从 20 世纪 50 年代末到 80 年代初，在水利建设方针的反复变化下，四川冬水田的面积变动剧烈，对农业影响甚大。其间，无论是恢复还是改造的行动，在执行力上均比前一阶段更强，但所采用的改造技术却较为单一、粗放，即"放干冬水田"。虽然冬水田的面积缩减迅速，但带来的结果却并不完全是粮食产量的增加，相反遇到旱情却造成了农业的减产，甚至绝收。因为配套水利设施的建设没有跟上冬水田的改造步伐。20 世纪 80 年代后，官方层面对冬水田态度趋于理性化，在坚持改造的原则下，以农田水利建设为前提，逐步合理地改造成为这时工作的主调。同时针对那些不易被改造的冬水田，农业专家在总结以往技术经验的基础上，又提出新的改进技术——半旱式免耕连作技术，开辟了一条综合利用的新途径。通过半个多世纪的改造，四川冬水田的面积已经缩减到相当低的水平了。

研究冬水田改造的历史经验，我们可以看出农业改造需要以专家为主体制定合适的改进策略，循序渐进地改造。因各地实际情况的差异，在改造过程中，应根据当地的自然条件及社会经济条件选择适合的改进策略。就整体而言，冬水田的规模与农田水利化水平的高低呈反相关关系。故农田水利建设是改造冬水田的保障。在水利条件不具备的地区，则可以通过改种旱作与改变作物栽培制度的方式，来增加粮食的总产出。

三、环境与技术选择：影响冬水田历史变迁的主要因素

环境与农业技术有着密切的关系，一方面环境在技术的选择过程中起到基础性配置的作用；另一方面技术的出现也是人类适应环境的结果。冬水田技术在四川的兴起同样体现了这一原理。四川的地形与气候特点，使丘陵地区的农民在发展水稻种植时选择了冬水田技术。数百年来影响冬水田的自然环境因素虽有变化，但这种变化幅度相对较小，故我们可以将其视为相对恒定的基础因子。真正影响冬水田历史变迁的是社会环境因素。具体而言，传统农业的现代化历程要求对冬水田这种传统的水利形式有所改进；抗战时期对粮食需求的增加又起到了推波助澜的作用。传统农业的现代化历程可以说是冬水田变迁的主因；特殊时期对粮食的需求是临时的推动因素，表现在 20 世纪 30—40 年代是抗战；在 50—70 年代是农业的集体化发展。

地区的农业水利条件始终是制约冬水田改造的首要因素，在农田水利工程建设滞后的时期，冬水田灵活、分散、小投入的优势正好可发挥保栽插的作用，当农田水利建设跟进后便有了改造冬水田的基本保证。故在不改变水田种植模式前提下，兴修水利是改造冬水田的前提。另外，农业生产的组织形式同样是影响技术选择与应用的重要因素。集体化的农业组织对技术的选择与改造的能力高于分散的个体形式。土地私有制时期，租佃关系同样制约着冬水田的改造。租佃关系的实质是一种利益分配机制，其平衡性与公平性会直接影响农民对农业投入的积极性与改造传统技术的主动性。因此，对传统农业的改造并不仅仅是一个技术问题，还要注重其背后利益分配机制的合理性。

四、小模存续：四川冬水田的未来

对于四川冬水田未来将如何发展的问题，虽有人主张部分恢复冬水田以提高稻田的抗旱能力，但是通过定性研究与历史经验总结，我认为结合四川的气候特点，冬水田的主要功能是保证春季水稻的按时栽插，其抗旱能力是比较弱的，稍遇干旱便易致灾。因此，希冀通过部分恢复冬水田的方式来提高稻田的抗旱能力并不是最好的办法。随着农田水利建设水平的提高，冬水田面积的缩减符合农业发展的要求，这是必须要肯定的。但是即便如此，冬水田这种传统技术仍具有它的价值，在部分

水利无保证的地区，它仍旧是农民种植水稻的用水选择，故其将继续存在，且在梯田中冬水田这种蓄水模式依旧十分重要。作为一项传统技术，冬水田在民间已存续多年，农民对于如何留蓄以及怎样进行合理的作物种植布局都有成熟的考虑，我们应充分尊重农民自主选择的权利。政府在农田水利建设中应坚持"抓大放小"的原则，将重点放在中小型灌溉水利工程的建设与管理上。

五、建立以旱作为主体，多样化的作物栽培制度：丘陵地区农业防旱、抗旱的历史经验总结

冬水田的出现就其实质而言，是为了解决丘陵地区如何种植水稻的问题。提前蓄水是冬水田技术的核心。为此，稻田全年需以半数时间用作蓄水，进而放弃了种植其他作物的机会。因为，水稻在四川粮食种植中居于首要地位，农民受耕作传统与饮食偏好的影响对水稻需求高于其他作物，且水稻自身具有产量高、食用口感好、营养价值高等优势。所以，有种植水稻习惯的农民在布局农业时通常会将水稻置于优先位置。即便在水利条件并不有利于水稻种植的丘陵地区，农民依然会通过其他技术手段，如兴修水利、选择耐旱能力强的稻种、种植旱稻等以为弥补，进而现实种稻目的。从作物的特性看，同等水源保证前提下选择水稻与旱作所耗费的水量有明显的差距。故从农业抗旱的角度而言，或许在那些用水并无完全保证的地区，种植旱作才是最佳选择。即便通过修筑塘堰或留蓄冬水田也能基本实现水稻种植，但其所费成本较高且抗旱能力较弱。因此，提高丘陵地区农业的防旱、抗旱能力，需从区域农业整体布局入手，合理规划改变部分地区原有不合理的作物栽培制度，建立以旱作为主体，多样化的作物种植模式；将提高"大粮食"的总产作为丘陵地区农业发展的主要目的，进而从制度设计上提高其防旱、抗旱能力。

附　录

附录一　农书

清雍正·萧山人张文蔉辑

是书也系现任四川直隶资州知州张公，讳文蔉所辑。言切事详，诚为农家之要务也。阅其书，我知其为国爱民之心深矣。兹奉藩宪李如兰刊刻成书。饬发通属，富民足食。惠莫大焉，子故益之以见闻。并附以树桑育蚕之法。重梓广布，俾家喻户晓，愿我民熟记而力行之。父传子受，定必户户丰盈，人人保暖，子子孙孙永享利益于无穷也。于是乎记。

时，乾隆九年岁次甲子小春月十日，秀水沈潜亦昭氏书于罗江官署。

一、岁所宜谷

凡欲知岁所宜谷当以布囊盛各谷种，平量之。以冬至日埋于阴地，至五十日发取量之息最多者，即岁所宜也。

二、养谷种

凡五谷豆果蔬菜之有种，犹人之有父也。地则母耳。母要肥，父要壮，必先仔细拣种。其法量自己所种之地，约用种若干石，其种约用地若干亩，即于所种地中拣上好地若干亩，所种之物或谷或豆等。即颗颗粒粒皆要精选肥实光滑者，方堪作种子。此地粪力耕锄俱要加倍，愈多愈妙，其下种行路，比别地又须宽数寸遇旱汲水灌之，则所长之苗，与所结之子比所下之种必更加饱满，下次即用所结之实，仍拣上山极大者作为种子，如法，加晒、加粪、加力其妙难言，如此三年则谷大自倍矣。

若菜果应作种者，不可留多，如瓜一本只留一瓜，茄一颗只留一茄，余开花时俱要摘去，即用泥封其摘去之疤眼。

潜按：凡下秧苗之田土，必须多犁多耙，拣去其草根，下种之十数日前先以大粪灌之，嗣以种谷，匀匀撒之，俟长之二三寸，再以清粪浇之一二次，如谷秧不使缺水，蔬菜等物不使干燥。临种上一日，又以淡粪浇之，然后移种则根多易长也。

一云，凡选谷种，牵马令就谷堆食数口，以马践过为种则无蚜蚄等虫。潜按：川中马粪易得，留心收拾晒干碾碎，俟苗长尺许，有风之日，从上风扬之，使苗尽沾些则自不生虫。盖马粪性能杀虫，故耳。

潜按：母田总要犁得深，加粪也。

潜按：种要多留，秧要多下些，如该下一石种田，多下二三斗，宁使有余，毋使不足为要。

三、播种之时

凡五谷上旬种者全收，中旬中收，下旬下收。又良田宜种晚，薄田宜种早，良田早亦无害，薄田晚不成实。凡种五谷当择成收满平定日。

潜按：更详其风气如遇西南风日，诸般种作皆不宜也。

潜按：总要早耕早种，所获必多，若种晚则吐秀迟，天气寒不能成实矣，即川俗所言，秋风是也。

四、耕　犁

耕地之法：初耕曰转，初耕欲深，转耕欲浅。初不深则土不熟，转不浅则动生土。北方农俗所传："春宜早晚耕，夏宜兼夜耕，秋宜日高耕"。南方人则云："田要冬耕"。

潜按：总之收割后，即深耕一遍，到正二月间，又犁一遍，下秧后又犁一遍，临种时又耙二三遍，则土松细而滋润，地脉疏通，秧苗易于生根，发生自然畅茂，结实繁多矣！

五、疏　耙

犁耕既毕则有疏耙。今人只知道犁深为功，不知疏耙为全功，耙功不到则土麄不实，根苗与土不相著，不能耐旱，多有悬死干死、虫咬诸病。耙功至则土细，而立根在细实土中，根土相著自能耐旱，不生诸病。古农法云：耕一耙六。盖谓纵横磨，盖遍数宜多也。

六、锄 耘

谷必须锄，乃可滋茂。盖锄则地熟而谷多，糠薄而粒绽。谚云："谷锄八遍，饥杀豚犬。"为无糠也。故当周而复始，勿以无草而暂停。

耘治水田之法，必须审度形势先于最上处潴水，勿至走失，然后自下旋放旋耘之，以手排漉，务合（令）稻根之旁，液液然而后已。又有足耘法：为一木杖如拐子，两手依之以用力，以趾塌拔泥土草岁，壅之根苗之下，则泥沃而苗兴，亦各从其便也。今又有一器曰耘荡，以代手足，功过数倍，总之耘锄遍数，愈多愈美，切勿惮劳。

潜按：荡用寸厚木板一块，长一尺八寸，阔六寸；以二寸五分长棱铁钉，如小指大，中稍湾（弯），头略大些；将板分成五行，参差钻眼钉；钉廿二只，钉脚尽行向下、上平。又板面中间约空二寸，两边各钉老鹤咀一个，以连稍竹竿一根，将头嵌入中间钻眼，连老鹤咀钉住。又在板后尽处当中，留寸许，两旁各锯一口，内小外大，如燕尾，用篾绳作箍，连竹竿套住。中间用三寸长上下大小木一块，填入打紧。两手扶竿，在秧苗横傍来回转侧推移四五遍，则土细柔而沃，苗根易长，分外生畅茂矣。其名曰荡，系后人所置，即耰之一端也。我浙多用此工，所以收获独多，今已置有式样可法。

其板前略窄些，后宽些，第一二行，每行用钉四只，第三行用钉五只，第四行又用钉四只，第五行用钉五只，均匀破花钉之。

七、粪 壤

田有良薄；地有肥硗，耕农之事，粪壤为急。粪壤者，所以变薄田为良田，化硗土为肥土。孟子所谓"上农夫食九人"，以其粪多而力勤也。故曰：惜粪如金。又曰：粪田胜如买田。但粪不拘一物，凡黄豆、芝麻、菜饼、污泥、灰土、蚕沙、腐草、败叶、麻皮、谷壳等类，奄熟之，无不可以作粪。然地土各有所宜，而粪田之法，又须用过得其中。若骤用生粪及布粪过多，粪力峻熟，反足为害。荆扬治田之家，常于田头置窖，搬运积粪，熟而用之，不多不少，遂能变恶为美，化瘠为肥，农家急宜效此。

潜按：嫩树叶、树皮、嫩草、皆可浸烂为粪；老草、草根、谷草、俱可烧灰、掺入牛马羊粪，奄过为粪；街渠沟中污泥、臭水、俱可为粪；即如堰圹中水草，连泥捞起、奄烂、亦可为粪，皆肥田土之物也。

八、水　利

天时不如地利，地利不如人事。人事能修，则地利可得，此蓄水之法、所当亟讲也。大抵水自高而下者，引流灌溉，颇易为力。若田高而水下，则有翻车、筒轮、戽斗、桔槔之类也。如地势曲折而水远，则有槽架、连筒、阴沟、浚渠之类，皆所以挈而上之，引而达之也。然必有水而后可引可达，则挖圹筑堤，最为急务。而秋冬田水不可轻放，尤为要著矣。每见农家当收获之时，将田水尽行放干，及至春夏雨泽稀少，便束手无策。则何不坚筑埂堤，使冬水满贮。不论来年有雨无雨，俱可恃以无恐哉。至于多开堰圹，广浚沟渠以及制造器车之事，则当依形傍势，因利乘便，尽人巧以夺天工，则机权在我，虽旱魃不能为灾矣。

潜按：凡山田无源水者、蓄冬水最要，现在德阳阚公教民蓄冬水，已有成效也。

九、牧　牛

古人有卧牛衣而待旦，则知牛之寒，盖衣以褐荐矣；饭牛而牛肥，则知牛之馁，盖唊以菽粟矣。衣以褐荐，饭以菽粟，古人岂重畜如此？以此为衣食之本故耳。此所谓时其饥饱，以适其性情者也。每遇耕作之月，休即牧放，夜复饱饲，至五更初，乘日未出，天气凉而用之，则力倍于常，半日可胜一日之功。日高热喘，便令休息，勿竭其力，以致困乏，此南方昼耕之法也。若夫北方陆地平远，牛皆夜耕，以避暑热，夜半仍饲以刍豆以助其力，至明耕毕，则放去，所谓节其作息，以养其血气也。今蒿秸不足以充其饥，水浆不足以济其渴，冻之、暴之、困之、瘠之、役之、劳之，又从而鞭笞之，则牛之不毙者，几何矣？饥欲得食，渴欲得饮，物之情也。至于役使困乏，气喘汗流，耕者急于就食或放之山，或逐之水，牛困得水，动辄移时，毛窍空疏。水气浸入皮肉，因而乏食，以致疾病生焉。放之高山，筋力疲乏，颠蹶而僵仆者，往往相藉也。利其力而伤其生，乌识所为爱养之道哉！至若天行疫疠，率多熏蒸相染，急当离避他所，拔除沴气，而徐徐救药，自可少病。

张公萧山人，其地产牛最多，故牧养之法，言之最详也。我民当勉而行之。

潜按：总之日放夜收，风雨霜雪尤宜收藏于栏圈之中，更调其饥饱，节其劳逸，则自然无病而能力作也。牛栏用大木为之，装门，夜则锁好，周围筑土墙开门出入近住房，养狗，夜间如狗吠起看，则小人自不敢偷窃也。

资料来源：乾隆十年《罗江县志·艺文志》

附录二　蓄水说

清·阚昌言

　　《书》载，梁州壤赋曰：厥土青黎。青则黑沏而自腴，黎则酿卉而液出，不谓之沃壤不可也。沃则尤于稻禾相宜，非浚其水源以资灌溉，虽欲植嘉禾而登丰富也，其术无由，但考川省与他省不同，他省土皆黄壤可作陂塘，停潴水不渗漏。川省土多沙砾，难作陂塘。德阳除东山系黄壤可作塘池外，其余六村皆砂底砾坡，各资堰水灌溉，水难久潴。尤幸临河者作河堰，不临河者作泉堰，惟藉沙底之余沥，作渠分灌不下十余堰，又一堰之水各量田之多寡，建平梁均水。有一泉分十余沟，十余户者；有分数十沟、数十户者；更有分百余沟、百余户、千余户者，势如瓜瓞之蔓延，如柳枝之纷出，左之右之不可枚举。每年早春浚治沟渠，季春拨水归田。一遇天时偶旸，水不敷溉，种时难偏，相起而争夺者无日无之。余令德阳二载，巡行阡陌时，访水泉原隰之利，察高低种莳之方。大抵民于秋收，自谓既收获矣，既不蓄水任水潵流大河，又多游行酣饮。至次年开春，度灯节后，始理田务治堰渠。迨至沟堰筑，而水之洩入大河者已多矣。与其争水于水洩大河之后，何如爱惜水泉于未洩大河之先，为有益也；与其争之无补于田亩，何如预备于事先。工不劳而收倍之为快也。

　　余定二法：一曰预浸冬田蓄水；一曰密作板闸停水，此二法俱有益于民并可消除争斗、弥盗贼，而吾民渐可富裕也。何谓预浸冬田蓄水？劝民于秋成之后，各计量己之田亩，某某田与堰渠相近并蓄冬水；某某田留为艺麦之田，即合同沟共堰之人整治堰渠，照依各应得水分、应灌放日期，拨水归田，预为浸满。高培田塍埂，必一亩田而高蓄二三亩之水，及至来春庶可及时栽莳可均水偏种，而不被虫蛀，何乐如之。况逐户蓄水则田路泥泞，鼠窃亦难行，易获。吾民何惮而不为乎？余前已示谕，奈小民遵行者多，而玩愒而不遵者亦不少。故不惮谆谆详示，俟公余之时出郊查讯，拘惰民责儆之。

　　何谓密作板闸以停水？考他省多作石闸而木闸亦时有之。石闸工程浩费，木闸工程省，易成。其作木闸之法：除头堰水足，不作外，而中堰、末堰作板闸最为有益。其法于腰堰勘量地势，用二石磴东西安置，石磴上各穿插一大木柱，柱下外面凿一路直槽，顺沟自上而下，如仓门上二直枋式样，中下木板而板闸之外，以木竹诸般合作堤埂，可蓄停堰水以备灌溉，以蓄鱼虾。水大则起板，水小则下板，随时启闭，各派一人轮流掌之，可以济中堰、尾堰之不足也。此法行，无田高水低之患，更可作水车以溉高田。

每见吾民先事不绸缪预防，而临时斗争，何弗思之甚也。至若避虫之法，惟在及时。谚云："清明浸破千家种，芒种秧针万垄丘。"农田有节次，不先不后。凡早禾一月而栽，中禾四十五日、五十日栽。插秧及时则虫不蛀，秧过嫩则虫必蛀之。德阳之地，多是地中出泉水，水多冷冽，又多重峦密雾恒雨恒阴。若预蓄水于田，令水多沾土气，阳和暴照则寒气消除，更及时栽插，而插秧之后用泉者不深蓄水，又何有虫蛀之患哉？本县于农务，知之甚详，吾民听之每忽。

资料来源：同治十二年《直隶绵州志》卷十《水利》

附录三　农事说
清·阚昌言

记云，三农生九谷园圃毓草木。从来生两间之美利足闾阎之衣食，纳国家之正供，以农为首。故农为本业，工匠商贾为末务，而农又最苦，水耕火耨，牧雨锄云，春不得避淋雨，夏不得避炎热，终岁勤动只藉此数亩田收几石颗粒，上以养父母、纳赋税，下以畜妻子款待亲友婚姻往来，悉从此数亩辨出，能剩得几何？又有写田纳租，佃户一样辛勤，止不完赋税粮要纳主家租谷，倘若完租不足，田主便以为懒惰而遂之则农务之宜急讲也明矣。农家虽云朴拙亦有良法要诀寓乎其中。予生长田间幼习农业，姑以其法为民言之。

一曰：因天之时。凡事皆当因时而农尤甚。凡浸稻种宜于清明节，播种宜趁谷雨节；插秧宜趁芒种节前后五日或十日内，将秧苗插遍则禾稻正得五六月阳和之气，所收必丰。观川省稍迟，则山雾熏蒸气凉冷五谷多不结实。此稻种之当因时者也。小民恐栽种不及，多种晚禾则收薄饭谷则秋风无获矣。惟矮糯、晚谷不畏秋风，小民当知之。至若荞，有甜苦二种。甜荞宜秋，苦荞宜夏，此必藉雨泽频沾，堰水灌润方可收获。大小麦，旱地宜种植，然宜以早种为妙，迟种则薄矣。蔬菜黍稷各因其时。得天时地利则多获，反是则否，此天时之不可忽也。

一曰：尽地之力。川蜀多系青黑沙砾之地，而黄土亦间有之。青黑泥壤多肥，沙砾黄土多瘠，而高阜尤瘠。所以，变瘠为肥者，惟在积粪酝酿而已。孟夫子曰，百亩之粪，上农夫食九人，下农夫食五人。粪多而力勤者为上农夫，粪少而力怠者为下农夫。但亦粪之多少分农夫上下，下农夫之收获只可及上农夫之半，则粪之当积于田也，自古已然。今查川民动曰下粪，则田肥苗茂，禾多损坏，遂不用粪。不知稻禾之种，有最宜粪一种，但根蕃而有芒者，喜得粪，一亩禾可得加倍收成。近见粤民来佃种者，家家用粪，所收倍多。德罗民曷不效而行之？更如高地宜黍稷高粱木棉菽豆；低地有水者宜种稻禾；沙坝宜豆、蔬、苏、麻、芝麻、芋、苔、红苕、红花、山豆、黄豆等物，各量地种之，有粪更美。勤则多获，懒则少取。除有堰水借堰水灌溉外，如山湾山凹两谷开敞，可作陂塘者急作陂塘以资灌溉，可以改旱作水，变瘠成肥。有水则土润，土润则物茂，而百苗赖以长养，此地利之当。因为修作以成美利者也。

一曰：尽人之力。人为三才之一，农虽村庄之务，而尽人事以补助天工大有作为在焉。如两间有江河溪涧之水，小民引以灌田必曲尽其法：一曰作水车灌高田，有人车、牛车、手车、脚车、筒车，此皆需人力以补之者也。化高为平，化瘠为肥，化旱为水，随所用力皆可获两间之美利，更如春暖深耕则土疏而禾茂，夏多耨则苗蕃而，实更不被虫。此老农之收获倍于新农者也。更如多畜牛以积粪，种桑以饲蚕，畔上种瓜以尽地利，饲猪售卖以佐杂费，艺植木棉以资纺织，田头补豆以备蔬菜，又栽易生之木以备柴薪。以上种种佈作日用饮食皆有补益，做得一件即有一件之利。勤则得之，怠则失之，历历不爽，独非尽人力以补天工者乎。愚氓苟遵而行之，渐可裕，至家长子孙而所以不免穷者皆以不勤俭，不受分，不畏官府而忘却父兄之诫也。约计致贫之道，其故有五：一曰怠惰，谚云，朝朝睡至日头红，懒惰穷是也；二曰好饮酒食肉，谚云，朝朝赊吃糟坊酒，一年稻谷半成空，又曰：赊肉还钱好恓惶，禾稼将来难上仓，是也。三曰游荡好赌，谚云，风流浪子惯呼庐，祖宗田地不恶垢，是也。四曰好争斗，谚云，撑拳拍掌逞英雄，拿官衙好坐牢，是也。五曰好告状，谚云，些小言语便起争，终日公廷走纷纷，侥幸官司饶朴责，赢得猫儿卖了牛，是也。数条但犯一项必至穷乏，况兼有其二，安有不隳先业破家私者乎？吾罗守分良固多而懒惰，越分之徒时有之。

余莅任数年，除朔望宣讲圣谕外，又时做劝善文，以谕里民，但愿家家守分，人人勤俭，各精治其田亩，各浚导其水源，务使衣食克足。仰事俯畜有赖，婚姻丧葬有资，则用享升平之福，岂不快哉？岂不幸哉？

秋冬月即修堰蓄水，才得水不缺少。凡秋收之时，量先刈谷之田，即将后刈谷田之水放与先刈谷田内。有堰者急修堰渠，备注田中，高作田塍埂，必一亩田满蓄二三亩田之水，来春傍灌田亩方得早栽，早栽则不被虫蛀又不被秋风。地势系黄土可作塘者，量地势，筑凿陂塘注水，水注于塘即如谷积于家，又必屡加犁耙使泥沙稠熟，水不渗漏。至来春三四月间，田泥预熟又减牛力。

高培塍埂或高一尺至二尺不等，则蓄水浑厚可旁灌他田且浸下秧亦不缺水。

苕子蓄种田亩，可作肥田之物，川中用以代粪，民俗久知。然酝苕作粪，宜趁开花之时翻覆田中，方妙。若迟至结实枯槁时，全然无力。宜就近预备水田，将苕子割刈，移酿水田中，必获肥饶之利。

下秧种最宜肥壤，加倍下粪，使秧苗茂盛则移插于别田，亦必茂盛，出穗亦长大，又必及时若稍迟恐被虫吃，又被秋风少实。

田家之粪虽力取之，愈多愈妙。

插秧之后到二十日必耨一次，耨后放水浸泡到十余日，再耨一次又如前法再耨，刈除稂莠拔野草，除莨稗则苗必盛而谷亦坚好矣。

薯芋之类有一种朱薯（即所谓的红苕是也）皮薄紫茎叶蔓生。今川省多种之者，宜于沙地。先是闽人商于西洋带来或生食或熟食或磨为粉味甘适口，老少皆宜。若如法种莳，比如一块地种杂粮得升斗者即可得数筐（用粪倍之）其物易蕃而不费力，种之以佐五谷是亦治生之一端也。

旱谷可改水谷之法，当效而行之。凡稻谷皆宜于水，若水不足处，听先种旱谷，趁清明芒种节后，可下种之时，即犁熟田亩，用粪点种。旱谷如种胡豆法半月后旱谷生苗。春末早夏之时，草莱尚未侵苗即耘草亦易。俟至水秧栽毕之时即用力耨草。若天时有水即将水满注于旱谷田内。胼胝践泥耘之，即改旱谷作水谷矣。至秋后一样收成。若无水，改旱谷作水谷，亦强于种豆，稻种一样水旱无分别，要早。

水涝田地宜种高粱，秆长不畏水，有收。蜀地多砂砾不畏，粱之根蕃，难除。

以上数条于农事最关紧要，倘得川属小民如法种植，务令家无间人，野无旷土，又常养蚕作蓝，蓄棉作布，樽节爱养，谨身节用则生计渐裕，衣食可克，礼教渐渐兴矣。

前人沈公潜所刻《农蚕书》有益于民生食用。谨录入志，以彰前令苦心谕百姓遵行之。

资料来源：乾隆十年《罗江县志》卷四《水利》

附录四　冬水田变迁史大事记

1. 1731年（雍正九年），成都县知县张文蕙撰成《农书》，在"水利"条中，称"秋冬，田水不可轻放，尤为要著矣。每见农家当收获之时，将田水尽行放干，及至春夏雨泽稀少，便束手无策，则何不坚筑塍堤，使冬水满贮，不论来年有雨无雨，俱可恃以无恐哉"。首次明确地提出稻田蓄冬水，防春旱的目的。

2. 1740年（乾隆五年），德阳县知县阚昌言作《蓄水说》，在德阳县力倡冬水田，初见成效。

3. 1742年（乾隆七年），罗江县知县沈潜重印《农书》，并积极推行冬水田。

4. 1745年（乾隆十年），阚昌言调任罗江县知县，继续推行冬水田，并作《农事说》，说明冬水田之优势。

5. 1747年（嘉庆十年），什邡县知县安洪德，提倡："泡冬田，作冬堰"。

6. 1839年（道光十九年），《中江县新志》卷二《水利》记："邑境秋获之后，每有近溪沟难种二麦、蚕豆之属，则蓄水满田，俟明春插秧，名曰冬水田，亦曰笼田。"这是文献中首次出现"冬水田"这个专有名词。

7. 1936年，稻作学家杨开渠发表《四川省当前的稻作增收计划书》，力主在川推广双季稻，改革冬水田耕作制度。

8. 1940年，四川省生产计划委员会撰成《四川省经济建设三年计划草案》，对当时四川经济的发展战略做出规划。草案《农林门·稻作篇》将"改善稻田蓄水"列为首要。

9. 1941年，中农所的稻作专家杨守仁发表《改善四川冬水田利用与提倡早晚间作稻制》一文，提出更为系统地改造冬水田的办法。

10. 1950年9月，川北行署的主要领导胡耀邦等联合向所属各县发出通令，强调全面恢复水利设施，并要求冬水田及时蓄水。

11. 1958年5月，过渡时期的总路线提出，随后"大跃进"开始。

12. 1958 年 7 月，四川省水利厅借在资中县谷田乡召开的推广当地农业生产合作经验会议为契机，"要求全省 3 000 多万亩冬水田尽快由一季改两季、两季改三季，以提高水田单位面积产量，保证农业增产"。

13. 1959—1961 年，三年自然灾害。1957—1960 年，全省冬囤水田面积减少 851 万余亩，由 3 114 万亩降至 2 263 万亩。冬水田大面积减少，水稻无水栽插，而改种两季后又无收成，使得全川粮食连年减产，就连城镇口粮供应标准亦由人均 15~13 千克，减为 10.5~9.5 千克。

14. 1961 年 8 月，四川省农田水利局提出"关于适当恢复冬水田和扩大囤水田的初步意见"。

15. 1962 年，四川省委明确提出农田水利工作方针应以"恢复冬水田为纲，兴修水利设施为辅"。

16. 1971 年，四川省在《进一步开展农业学大寨群众运动的决定》中，提出"积极改造冬水田，有计划地修建一批骨干水利工程，逐步将省内主要江河的水利资源利用起来"的水利建设策略。

17. 1980 年，西南农学院土壤学专家侯光炯发明"水稻半旱式栽培免耕连作技术"，为冬水田的改造提供了新的技术路径。

18. 1982 年，家庭联产承包责任制在四川实行。

参考文献

（北魏）贾思勰.1982.齐民要术［M］.缪启愉校释，北京：农业出版社.

（宋）陈旉.1965.陈旉农书［M］.万国鼎校注，北京：农业出版社.

（宋）范仲淹.1987.范文正集 卷九［M］.上海：上海古籍出版社.

（宋）居简.北磵集 卷六 水利［Z］.文渊阁四库全书本.

（宋）欧阳修，宋祁.1975.新唐书 卷四十二 志三十三 地理志六［M］.北京：中华书局.

（宋）王得臣.2012.麈史 卷三［Z］.上海：上海古籍出版社.

（宋）吴怿撰.1963.种艺必用［M］.胡道静校注，北京：农业出版社.

（宋）叶廷珪.海录碎事 卷十七［Z］.文渊阁四库全书本.

（元）王祯.1981.王祯农书［M］.王毓瑚校，北京：农业出版社.

（明）黄淮，杨士奇.1989.历代名臣奏议 卷二百四十三［M］.上海：上海古籍出版社.

（明）吴与弼.康斋集 卷十一 日录［Z］.文渊阁四库全书本.

（明）徐光启.2011.农政全书［M］.石声汉点校，上海：上海古籍出版社.

（清）常明等.四川通志［Z］.嘉庆二十一年（1816）刻本，北京师范大学图书馆藏.

（清）陈霁学修纂.新津县志［Z］.道光十九年（1839）刻本.

（清）陈熙晋修纂.怀直隶厅志［Z］.道光二十年（1840）刻本.

（清）董枢修纂.续修河西县志［Z］.乾隆五十三年（1788）刻本.

（清）何庆恩修，刘宸枫，田正训纂.德阳县志［Z］.同治十三年（1874）刻本.

（清）黄廷桂.四川通志［Z］.雍正十一年（1733）刻本，北京师范大学图书馆藏.

（清）黄允钦等修，罗锦城，张尚滩等纂.射洪县志［Z］.光绪十一年（1885）刻本.

（清）李桂林等纂修.罗江县志［Z］.同治四年（1865）刻本.

（清）李调元纂修.罗江县志［Z］.嘉庆七年（1802）刻本.

（清）刘庆远修，（清）沈心如等纂.绵竹县志［Z］.道光二十九年

（1849）刻本.

（清）刘应棠.1960.梭山农谱［M］.北京：农业出版社.

（清）罗度修，郭肇林纂.珙县志［Z］.光绪九年（1883）刊本.

（清）裴显忠修，刘硕辅纂.乐至县志［Z］.同治八年（1869）刻本.

（清）濮瑗修，周国颐纂.安岳县志［Z］.道光十六年（1836）刻本.

（清）沈潜修，阚昌言纂.直隶绵州罗江县志［Z］.清乾隆十年（1745）刻本.

（清）沈瓖等纂修.绵竹县志［Z］.嘉庆十八年（1813）刻本.

（清）田朝鼎修，（清）周彭年纂.遂宁县志［Z］.乾隆十二年（1747）刻本.

（清）屠述濂修纂.云南腾越州志［Z］.乾隆五十四年（1789）刻本.

（清）王培荀.1992.听雨楼随笔［M］.济南：山东大学出版社.

（清）文棨，董贻清修，伍肇龄，何天祥纂.直隶绵州志［Z］.同治十二年
（1783）刻本.

（清）吴章祁，（清）徐杨文保修，（清）顾士英等纂.蓬溪县志［Z］.道光二十
五年（1845）刻本.

（清）奚诚.耕心农话 续修四库全书·子部·农家类（1852年）［Z］.上海古籍
出版社影印版.

（清）徐长发修，王昌年纂.眉州属志［Z］.嘉庆五年刻本.

（清）严如煜.三省边防备览 卷八 民食［Z］.道光二年刻本.

（清）杨霈修，李福源，范泰衡纂.中江新县志［Z］.道光十九年（1839）刻本.

（清）张风翥纂修.彭山县志［Z］.乾隆二十二年刻本.

（清）张赓谟等纂修.广元县志［Z］.乾隆二十二年（1757）刻本.

（清）张深修纂.新宁县志［Z］.道光十九年（1839）刻本.

（清）张松孙，（清）李培峘修，（清）寇赍言纂.遂宁县志［Z］.乾隆五十二年
（1787）刻本.

（清）张松孙修，李芳谷纂.潼川府志［Z］.乾隆五十一年（1786）刻本.

（清）张松孙修，沈诗杜等纂.射洪县志［Z］.乾隆五十一年（1786）刻本.

（清）张松孙修，朱纫兰纂.安岳县志［Z］.乾隆五十一年（1786）刻本.

（清）张宗法.1989.三农纪［M］.邹介正等校注，北京：中国农业出版社.

（清）周际虞纂修.续德阳县志［Z］.乾隆二十七年（1762）刻本.

［德］瓦格勒.1934.中国农书.上册［M］.北京：商务印书馆.

［美］卜凯.1936.中国农家经济（上册）［M］.张履鸾译，上海：商务印书馆.

［美］罗斯.2004.变化中的中国［M］.重庆：重庆出版社.

［美］马若孟.2013.中国农民经济：河北和山东的农民发展（1890—1949）
［M］.史建云译，南京：江苏人民出版社.

［美］珀金斯.1984.中国农业的发展（1368—1968）［M］.宋海文译，上海：上
海译文出版社.

［美］詹姆斯·C.斯科特.2013.农民起义的道义经济学：东南亚的反叛与生存
［M］.南京：译林出版社.

[英] 莫理循 . 1998. 中国风情 [M]. 张皓译, 北京：国际文化出版公司 .

[英] 伊懋可 . 2014. 大象的撤退：一部中国环境史 [M]. 梅雪芹, 毛利霞, 王玉山译, 南京：江苏人民出版社 .

《四川省志 . 粮食志》编辑室 . 1992. 四川粮食工作大事记 (1840—1990) [M]. 成都：四川科学技术出版社 .

白夜 . 1962. 冬水田 [N]. 人民日报, 12 月 17 日 .

曹幸穗 . 2004. 从引进到本土化：民国时期的农业科技 [J]. 古今农业, 第 1 期 .

曾吉夫 . 1937. 水稻干田直播法 [J]. 北碚月刊, 第 7 期 .

曾雄生 . 2005. 析宋代 "稻麦二熟" 说 [J]. 历史研究, 第 1 期 .

曾雄生 . 2012. 《告乡里文》：传统农学知识的构建与传播 [J]. 湖南农业大学学报 (社会科学版), 第 3 期 .

陈桂权 . 2012. 清代川北地区的农田水利建设研究 [D]. 北京：北京师范大学 .

陈桂权 . 2013. 冬水田技术的形成与传播 [J]. 中国农史, 第 4 期 .

陈桂权 . 2013. 清代以降四川水车灌溉述论 [J]. 古今农业, 第 3 期 .

陈桂权 . 2014. 四川冬水田的历史变迁 [J]. 古今农业, 第 1 期 .

陈实 . 1991. 四川盆地冬水田的成因和区域性分异及其对农业生产的影响 [J]. 西南农业大学学报, 第 4 期 .

陈艳涛 . 2001. 抗战时期大后方农业科技发展分析 [D]. 西安：西北大学 .

陈正谟 . 1941. 四川需要小型农田水利 [J]. 四川经济季刊, 第 1 期 .

川农所统计室 . 1944. 1944 年冬作面积最后估计 [J]. 川农所简报, 第 1-3 期 .

戴文年 . 2003. 西南稀见丛书文献 第 6 卷 [M]. 兰州：兰州大学出版社 .

董时进 . 1943. 二十年后的成都平原 [J]. 现代农民, 第 6 卷第 1 期 .

董时进 . 1978. 考察四川农业及乡村经济情形报告 [A]. 北平大学农学院 1931 年 2 月, 中国农村经济资料 . 台北：华世出版社 .

方行 . 2006. 清代租佃制度述略 [J]. 中国经济史研究, 第 4 期 .

冯尔康 . 2004. 清史史料学 [M]. 沈阳：沈阳出版社 .

傅璇琮, 倪其心, 许逸民, 等 . 1998. 全宋诗 第 69 册 [M]. 北京：北京大学出版社 .

管相桓 . 1944. 四川稻作改进事业之回顾与前瞻中 [J]. 农业推广通讯, 第 6 卷第 2 期 .

郭汉鸣, 孟光宇 . 1944. 四川租佃问题 [M]. 重庆：商务印书馆 .

郭清华 . 1983. 浅谈陕西勉县出土的汉代塘库、陂池、水田模型 [J]. 农业考古, 第 1 期 .

郭声波 . 1988. 元明清时代四川盆地的农田垦殖 [J]. 中国历史地理论丛, 第 4 辑 .

郭声波 . 1989. 四川历史农业地理概论 [J]. 中国历史地理论丛, 第 3 期 .

郭声波 . 1993. 四川历史农业地理 [M]. 成都：四川人民出版社 .

郭松义 . 1988. 清初四川外来移民和经济发展 [J]. 中国经济史研究, 第 4 期 .

郭松义 . 2009. 政策与效应：清中叶的农业生产形势和国家的政策投入 [J]. 中

国史研究，第 4 期．

郭文韬，曹隆恭．1989．中国近代农业科技史［M］．北京：中国农业科技出版社．

韩茂莉．1993．宋代东南丘陵地区的农业开发［J］．农业考古，第 3 期．

何金文．1985．四川方志考［M］．长春：吉林省图书馆学会．

何银武．1987．试论成都盆地（平原）的形成［J］．中国区域地质，第 2 期．

侯德础．1987．试论抗战时期四川农业的艰难发展［J］．四川师范大学学报，
第 6 期．

侯光炯．1985．水田半旱耕作技术［M］．成都：四川科技出版社．

侯光炯．1987．我是怎样研究发现自然免耕的一些重要机制和技术要则的［J］．
西南农业大学学报，第 4 期．

侯宗碧．2008．四川省都江堰人民渠道第二管理处志［M］．成都：四川大学
出版社．

胡焕庸．1938．四川地理［M］．重庆：中正书局．

黄天华．2012．从“僻处西陲”到“民族复兴根据地”——抗战前夕蒋介石对川
局的改造［J］．抗日战争研究，第 4 期．

黄至溥．1940．四川水稻螟虫之研究与防治概况［J］．农林学报，第 7 卷第1-3 期．

金善宝．1989．中国现代农学家传 第 2 卷［M］．长沙：湖南科技出版社．

李德英．2006．国家法令与民间习惯：民国时期成都平原租佃制度新探［M］．北
京：中国社会科学出版社．

李德英．2009．生存与公正：“二五减租”运动中四川农村租佃关系探讨［J］．史
林，第 1 期．

李根蟠．2012．水车起源和发展丛谈（下）［J］．中国农史，第 1 期．

李俊．2007．抗战时期四川省农业改进所研究［D］．成都：四川大学．

李孔遗．1946．普遍发展四川农田水利刍议［J］．四川经济，第 1 期．

李立仁．1964．荒湖区连年冬灌沤田研究初报［J］．安徽农业科学，第 6 期．

李世平．1987．四川人口史［M］．成都：四川大学出版社．

李先闻．1946．抗战时期四川省粮食作物改进与前瞻［J］．农报，第 11 卷第 10-
18 期．

梁碧波，罗大刚．1991．四川冬水田半旱式免耕小春耕作技术考察报告［J］．耕
作与栽培，第 5 期．

林孔翼，沙铭璞．1989．四川竹枝词［M］．成都：四川人民出版社．

林志茂等修，谢勷等纂．三台县志［Z］．民国二十年（1931）铅印本．

凌云．1989．四川再生稻丰收［N］．人民日报，10 月 19 日．

刘代银，朱旭霞．2007．四川省冬水田管理和利用中存在的问题及对策［J］．四
川农业科技，第 12 期．

刘继福．2005．恢复冬水田势在必行［J］．四川水利，第 5 期．

刘秋篁．1945．战时四川粮食生产［J］．四川经济季刊，第 2 卷第 4 期．

刘氏．1945．筒车与新式筒车［J］．水工，第 2 期．

刘巽浩.1993.中国耕作制度［M］.北京：农业出版社.

刘阳.2011.封建租佃关系对于近代江苏棉种改良工作的制约［J］.兰州学刊,
　　第9期.

刘毅志.1954.土壤的耕作和改良［M］.济南：山东人民出版社.

刘永红,李茂松.2011.四川季节性干旱与农业防控节水技术研究［M］.北京：
　　科学出版社.

刘正刚.1996.清代四川闽粤移民的农业生产［J］.中国经济史研究,第4期.

刘志远.1979.考古材料所见汉代的四川农业［J］.文物,第12期.

刘主生.1934.四川农家肥料［J］.四川农业月刊,第1卷第3期.

鲁西奇,董勤.2010.南方山区经济开发的历史进程与空间展布［J］.中国历史
　　地理论丛,第4期.

罗亚玲.2012.抗战时期四川农业开发［D］.成都：四川大学.

吕登平.1936.四川农村经济［M］.上海：商务印书馆.

马建猷.1980.四川冬水田耕作制度研讨［J］.四川农业科技,第1期.

马建猷.1983.论四川丘陵冬水田的机制功能及对发挥水稻优势的战略意义［J］.
　　大自然探索,第4期.

孟光宇.1943.四川租佃习惯［J］.人与地,第3卷第2-3期.

绵阳市政协文史资料委员会.1997.绵阳文史资料选第五辑［Z］.内部资料.

闵宗殿.2003.明清时期中国南方稻田多熟种植的发展［J］.中国农史,第3期.

倪根金.2002.梁家勉农史文集［M］.北京：中国农业出版社.

农业部种子管理局,中国农业科学院作物育种栽培研究所.1959.水稻优良品种
　　［M］.北京：农业出版社.

农业出版社.1973.农业学大寨 第九辑［M］.北京：农业出版社.

农业出版社编辑部.1980.中国农谚［M］.北京：农业出版社.

潘简良,尹众兴.1944.战时粮食生产综论［J］.农业推广通讯,第6卷第12期.

彭家元,陈禹平,刘士林.1947.四川冬水田泡青之研究［J］.科学月刊,
　　第15期.

彭家元,陈禹平.1938.元平式速成堆肥法［J］.建设周报,第1期.

彭家元,陈禹平.1945.设厂制造硫酸亚化学肥料以增加四川农产［J］.中国农
　　民,第5-6期.

彭家元.1947.四川土壤肥料概述［J］.科学月刊,第9期.

浦江县政协文史资料委员会.1993.蒲江文史资料选辑第七辑［Z］.内部资料.

沈宗瀚.1941.减免四川粮荒须生产技术与租佃制度并为改进［N］.大公报,7
　　月7日.

施建臣.1945.四川省冬水田水稻需水量之研究［J］.水工,第2卷第1期.

水利部.1965.南方丘陵水利组讨论小结［J］.水利水电技术,第12期.

水利部农村水利司.1999.新中国农田水利史略（1949—1998）［M］.北京：水
　　利电力出版社.

四川省地方志编纂委员会.1996.四川省志·农业志 [M].成都：四川辞书出版社.

四川省冬水田资源开发利用途径研究小组.1982.我省冬水田演变规律及改造利用的实践 [J].四川农业科技，第 2 期.

四川省农牧厅粮食作物生产处.1988.水稻半旱式栽培和稻田综合利用 [M].成都：四川科技出版社.

四川省农牧厅生产组.1987.提高我省 1987 年水稻产量的三大意见 [J].四川农业科技，第 2 期.

四川省农业科学院农业战略研究室.1990.冬水田以粮为主综合开发利用经验汇编 [Z].内部资料.

四川省生产计划委员会.1940.四川省经济建设三十年计划草案 [Z].内部资料.

四川省水利厅.1988.四川省水利志 1-6 卷 [M].四川省水利电力厅.

苏洪宽等修；陈品全纂.中江县志 [Z].民国十九年（1930）铅印本.

孙辅世.1933.四川考察团报告之三水利·灌溉 [Z].内部资料.

孙光远.1944.增加粮食生产之轮作制度与间种法 [J].川农所简报，第 6-8 期.

孙光远.1945.晚稻浙场 3 号在川北之推广 [J].农业推广通讯，第 5 卷第 8 期.

孙光远.1946.农业上预防旱灾方法 [J].农业推广通讯，第 5 期.

孙虎江，杨晓钟.1945.四川农业现状及其改进 [J].四川经济季刊，第 2 卷第 3 期.

孙敬之.1960.西南地区经济地理 [M].北京：科学出版社.

孙盘涛.1960.西南地区经济地理 [M].北京：科学出版社.

台北故宫博物院.1982.宫中档乾隆朝奏折 第九辑、第廿三辑、廿四辑 [Z].

屠启澍.1945.冬水田推广冬作绿肥之讨论 [J].农业推广通讯，第 10 期.

万建民.2010.中国水稻遗传育种与品种系谱（1986—2005）[M].北京：中国农业出版社.

汪家伦，张芳.1990.中国农田水利史 [M].北京：农业出版社.

王笛.1986.清末四川农业改良 [J].中国农史，第 2 期.

王红谊，章楷，王思明.2001.中国近代农业改进史略 [M].北京：中国农业科技出版社.

王慕唐.1938.温江再生稻宣传经过 [J].建设周刊，第 6 卷第 6 期.

王廷栋.1964.早犁冬水田的坂田是提高肥力的重要措施 [J].土壤通报，第 5 期.

王炎.1998."湖广填四川"的移民浪潮与清政府的行政调控 [J].社会科学研究，第 6 期.

王昭若.1983.清代的水车灌溉 [J].农业考古，第 1 期.

王祖谦.1984.试论四川丘陵地区冬水田的生态效益及其培肥途径 [J].西南农学院院报，第 3 期.

魏宏运.2001.抗日战争时期中国西北地区的农业开发 [J].史学月刊，第 2 期.

无名氏.1941.陪都附近各县再生稻丰收 [J].经济汇报，第 4 卷第 11 期.

无名氏 . 1942. 四川耕地租佃制度概述 [J]. 新新新闻旬增刊, 第 7-8 期 .

无名氏 . 1948. 四川租佃关系之研究 [J]. 四川财政月刊, 第 14 期 .

吴宏歧 . 1997. 元代农业地理 [M]. 西安: 西安地图出版社 .

吴伟荣 . 1991. 论抗战时期后方农业的发展 [J]. 近代史研究, 第 1 期 .

夏亨廉, 肖克之 . 1994. 中国农史辞典 [M]. 北京: 中国商业出版社 .

夏如兵 . 2009. 中国近代水稻育种科技发展研究 [M]. 北京: 中国三峡出版社 .

向安强 . 1995. 稻田养鱼起源新探 [J]. 中国科技史料, 第 2 期 .

萧铮 . 1997. 民国二十年中国大陆土地问题资料 [M]. 台北: 成文公司 .

萧正洪 . 1998. 环境与技术选择: 清代中国西部地区农业技术地理研究 [M]. 北京: 中国社会科学出版社 .

谢开来等修, 王克礼, 罗映湘纂 . 修广元县志稿 [Z]. 1940 年铅印本 .

熊道琛, 钟俊等修, 李灵椿等纂 . 苍溪县志 [Z]. 民国十七年 (1928) 铅印本 .

熊洪 . 2011. 适度恢复四川冬水田, 提高稻田抗旱能力的建议 [J]. 农业科技动态, 第 15 期 .

许传经 . 1940. 发展四川省农田水利之途径 [J]. 农本月刊, 第 37 期 .

杨开渠 . 1936. 四川省当前的稻作增收计划书 [J]. 现代读物, 第 4 卷第 11 期 .

杨开渠 . 1943. 再生稻: 二道谷子 [J]. 田家半月报, 第 10 卷第 14 期 .

杨守仁 . 1941. 改善四川冬水田利用与提倡早晚间作稻制 [J]. 农报, 第 22-24 期 .

杨守仁 . 1944. 四川稻作生产合理化之研讨 [J]. 农报, 第 19-27 期 .

杨守仁 . 1987. 水稻 [M]. 北京: 农业出版社 .

杨勇 . 2011. 适度恢复我省冬水田 [N]. 四川农村日报, 11 月 21 日 .

佚名 . 1937. 四川战时增加粮食生产办法 [J]. 四川月报, 第 11 卷第 4 期 .

佚名 . 1940. 四川省水稻耐旱品种之发现及其特征 [J]. 农业推广通讯, 第 2 期 .

佚名 . 1940. 四川水利局创制木质汲水机 [J]. 现代农民, 第 3 卷第 3 期 .

佚名 . 1961. 快犁冬水田 [N]. 四川日报, 9 月 13 日 .

佚名 . 1961. 四川结合秋收秋耕及时给冬水田蓄水 [N]. 人民日报, 10 月 17 日 .

佚名 . 1975. 大种紫云英改造冬水田 [N]. 四川日报, 9 月 14 日 .

佚名 . 1975. 敢于斗争敢于革新——兴隆公社金花七队改造冬水田粮食亩产超千斤的调查 [N]. 四川日报, 8 月 28 日 .

佚名 . 1975. 平昌县认真办好常年养猪积肥专业队 [N]. 四川日报, 9 月 14 日 .

佚名 . 1975. 盐亭县利和公社根据水利条件积极改造冬水田 [N]. 四川日报, 8 月 29 日 .

佚名 . 1975. 用大寨精神战胜秋涝多种小春: 垢溪公社千方百计保证今年改造的冬水田做到田干土细, 实现小春高产 [N]. 四川日报, 10 月 24 日 .

佚名 . 1977. 干部带头干改造冬水田: 朝阳公社大搞小型农田水利建设 [N]. 四川日报, 8 月 18 日 .

佚名 . 1977. 潼南县开展改造冬水田大会战成效显著 [N]. 四川日报, 9 月 27 日 .

佚名 . 1978. 深入思想发动及早做好准备 [N]. 四川日报, 8 月 20 日 .

游修龄，曾雄生．2010．中国稻作文化史［M］．上海：上海人民出版社．

游修龄．1995．论农谚［J］．农业考古，第5期．

张芳．1997．明清南方山区的水利发展与农业生产［J］．中国农史，第1期．

张芳．1997．清代四川的冬水田［J］．古今农业，第1期．

张剑．1998．三十年代中国农业科技的改良与推广［J］．上海社会科学院学术季刊，第2期．

张乃凤，朱海帆．1943．四川省苕子推广报告［J］．农报，第13-18合刊．

张乃凤．1941．本所工作消息：三年来土壤肥料系工作述略［J］．农报，第10-12合刊．

张艳梅．2008．清代四川旱灾时空分布研究［D］．重庆：西南大学．

张一心．1932．中国农业概况估计［Z］．金陵大学农学系．

章楷．2000．农业改进史话［M］．北京：社会科学文献出版社．

赵尔巽．1976．清史稿 六十九 地理志十六［M］．北京：中华书局．

赵冈．2000．简论中国历史上地主经营方式的演变［J］．中国社会经济史研究，第3期．

赵宗明．1947．四川的租佃问题［J］．四川经济季刊，第4卷第2-4期．

郑励俭．1947．四川新地志［M］．南京：中正书局．

郑起东．2006．抗战时期大后方的农业改良［J］．古今农业，第1期．

中国科学院成都地理研究所．1980．四川农业地理［M］．成都：四川人民出版社．

中国历史第一档案馆编．1984．康熙朝汉文朱批奏折汇编 第一册［M］．北京：档案出版社1984年版．

中国农业博物馆．1996．中国近代农业科技史稿［M］．北京：中国农业科技出版社．

中国气象局气象研究院．1981．中国近五百年旱涝分布图集［M］．北京：地图出版社．

中国人民大学清史研究所．1979．康雍干时期城乡人民反抗斗争资料［M］．北京：中华书局．

中国水稻研究所．1989．中国水稻种植区划［M］．杭州：浙江科学技术出版社．

中农所．1940．各省推广概况四川［J］．农业推广通讯，第2卷第2期．

周邦君．2012．乡土技术、经济与社会——清代四川"三农"问题研究［M］．成都：巴蜀书社．

周开庆．1972．四川经济志［M］．台北：商务印书馆．

周天豹．1986．抗战时期国民党开发西南农业的历史考察［J］．开发研究，第5期．

周祖宪．1936．水旱频仍的四川农田水利与作物栽培之研究［J］．农报，第3卷第23期．

朱永祥，马建猷．1991．冬水田立体农业技术［M］．成都：西南交通大学出版社．

宗玉梅．1998．抗战前南京国民政府农业建设述评［J］．洛阳师专学报，第3期．

佐佐木正治．2004．汉代四川农业考古［D］．成都：四川大学．

H. L. Richardson. 1942. Soils and Agriculture of Szechwan ［Z］. 农林部中央经济实验所.

Joseph Needham. 1984. Science and Civilization in China，Volume 6 Part Ⅱ：Agriculture，by Francesca Bray，Cambridge University Press.

后　记

　　这本研究四川冬水田历史变迁的小书，终于要付梓了。从最初选择此题作为研究对象始，时至今日，五年多的时间已经过去了。今天，当责任编辑朱绯博士把本书的封面设计草样发与我时，我才真正意识到，需要完成本书写作的最后一步工作——写后记了。

　　记得 2012 年 4 月下旬的某一天，我第二次走进坐落在北四环中关村东路 55 号的中国科学院自然科学史研究所，通过博士生入学面试，并正式拜见了我的导师曾雄生先生。初次与曾师见面，略显紧张，不过他的儒雅与平易近人，很快就缓解了我起初的些许紧张感。交谈中，曾师了解我硕士期间的研究方向，并问到我今后读博想做的研究。那时的我对于这个问题并没有深入的思考，只知道可能会沿着硕士期间所研究的农田水利史方向继续做下去。至于选择什么题目，如何去做的问题我并没有系统思考过。所以，我的回答也是很糟糕的。

　　自从 2012 年 9 月，入学攻读博士学位后，在大量阅读的基础上，我带着问题继续思考未来的研究方向，期间虽也提出过一些研究方案，但最后均被自己否决掉了。自然科学史研究所有良好学术传统，在研究生培养方面，也有得天独厚的优势，优越的师资条件让我们每个学生都能得到充分的指导。入学第一年的每周二，我都会去找曾师汇报上周的学习情况与读书心得。我们讨论的问题广泛，无论是论文的写作，还是史料的解读，乃至文本的研读，都是曾师与我交流的内容。在无数次的讨论与交流中，我渐渐领会到了如何去做农史研究。而研究冬水田这个题目也是在与曾师的一次交谈中，他无意间所提出的。彼时，我的学术视野尚不够开阔，也缺乏探索、进取的精神与勇气，总以为可在前期研究四川区域农田水利史的基础上，进一步扩展为全省的农田水利史研究，无论从体量，还是从学术贡献来说，均可作为一篇博士论文了。不过随着时间的推移与认识的深入，在曾师的指点下，我也渐渐明白了写作这种通史性的著作，尤其是研究对象较大的通史，并不是做博士论文的最佳选择。"小题大作"是曾师治学的一贯风格，也是他指导我们写学位论文的基本原则。

所谓"小题大作"是指要选择合适的题目进行深入研究。这至少要包括史料是否充足与研究者本人是否能够驾驭这个题目，这两个基本前提。题目小并不是指题目偏冷，甚至是无人问津的。我们从学术探索的角度来说，有些题目即便无人问津，但也并不合适去研究，因为可能它本身并无什么探索的价值。一个小题目，它当是在某个大的学术层累中的一个点，我们若单独将这个点拿出来，它可能真的很小，但若将它置于整个学术累积的进程中，它则有其相当的意义。至于"大作"，也包含了两个基本意思：一是要尽量充分收集资料，这是保证对研究问题论证的充分与可靠的前提；二是在对题目本身进行微观研究的同时，最终还是要不忘对于该小问题所处大问题背景的回应。

基于"小题大作"的原则，我最终选择了"冬水田"作为博士论文研究的题目。博士论文写作期间，我又经历些许坎坷，幸赖师友多方关爱，研究所的理解与支持，让我最终能如愿完成博士论文写作，顺利通过了博士学位答辩。回想这些年自己走过的求学之路，期间的欢乐远远大于辛苦，即便在最困难的时候，我也未曾放弃读书与做研究的愿望。

2016年7月14日，我满怀感恩地从中国科学院自然科学史研究所毕业。离开那天清晨，当我从保福寺桥西乘坐机场大巴路过研究所时，心中万千感慨。我在心中默默地感谢楼里面的每位老师、每个同学在那四年中对我的关爱与帮助。同时，对于未来，我也充满着期待。工作之后我继续坚持做自己的研究，2017年侥幸申请到了国家社科基金项目，所中题目"明清时期南方山区农业防旱、抗旱的技术经验总结与研究"，其实是冬水田研究的延伸与扩展，也是当年博士论文的备选题目之一。课题的立项为"冬水田"这本小书的出版提供了可能性，也为我的后续研究提供了条件。

对于"冬水田"这本小书而言，最了解它的人应当是我了。作为一本研究专著，我自是希望它有一定价值，特别是学术上的价值。这本书在很多方面还不够完善，尤其是对于20世纪30—40年代，围绕冬水田改革的四川农业问题，还有待深入研究，只是讨论它们已经超出了本书的主题范畴，这只有在今后的工作中去弥补。另外，在材料使用方面，书中并未使用民国档案材料。按理说，作为一部贯穿古代、现当代的技术演变史，档案材料的使用是必要的。我没用档案材料的原因主要是通过现有材料，已经可以佐证问题了，还有就是收入档案中的所需材料，我在它处已查得原件。总之，冬水田的历史变迁这个题目，应该可以算作是一部技术社会史。我在书中对于技术之外的社会环境因素，也给予了比较多的关注。此外，我也尝试在纵向梳理冬水田的历史变迁的基础工作上，对是否恢复冬水田这个现实问题，给出了自己的答案。至于答案是否正确，只有留给时间去验证了。

撰写博士论文是个充满挑战，经历兴奋、懊恼、沉思、反复的过程。当年在博士论文写作时，我曾写过一段话，而今再看，还是颇有感触，故照录入如下：

论文的写作过程是一个充满艰辛与纠结，反复与颠覆的过程，从逻辑理论到语言表达，从遣词造句到行文手法，你都得细细琢磨。另外，除这些技术层面的因素，那些困扰你的待解问题才是横亘在前行道路上的一道道不可绕过的真正障碍，不得不跨越它们才能达到阶段性的终点。多数时候，你会因一时思维的混乱或线索的烦杂而焦躁不安，但除了静心琢磨，求教高人，不断专研，你又还能做什么呢？极端情况之下，有时甚至会觉得自己的研究到底有何用处，甚至觉得其意义不值一提。迷茫、懊恼、纠结、混乱之后，你还得选择继续前行，迎难而上。

研究的道路就是需要去克服一个个难题，去给大家提供种种合理的解释的过程。如果你选择了这条道路，那么你就应该无怨无悔地坚定走完这一程。而当你解开一个难题，凝练出一个合理或经典的表达与解释时，那种感觉是美好的。一种难以用言说的美好。或许，无人分享这种美好，但你心中是知足的，是能自我感知的。那种感觉，就如同登顶山峰，对着脚下的群山万壑，大吼一声。也许，别人以为你是神经病，但自己知道，你不是，你只是要表达一下内心的激动与畅快而已。事后，你还得继续潜心专研，这就是我的研究生涯！

就是在这样一个充满挑战与满足的过程中，我最终完成了这本关于冬水田的研究著作。如今这本题为《水旱之间：冬水田的历史变迁与技术选择》的小书，作为我人生中的第一部学术专著，即将出版。在这里，我自是应该感谢很多人的。博士学位的取得意味着一个学生已经接受了该学科领域的完整教育，且具备了探索学科前沿知识的能力了。我能走完这个过程，离不开家庭的支持，老师们的提携与指导，同学、朋友的支持与帮助。所以，在接下来的文字中，我将对她们致以最真诚的谢意。

感谢我的老师，中国科学院自然科学史研究所的曾雄生研究员。此生有幸拜入曾师门下，并找到了自己喜爱的研究领域，何其幸也！求学的那四年里，曾师在学业与生活上均给予了我许多照顾。这些年，我写的每篇文章，乃至每本书稿的第一位读者始终都是曾师。每次把文稿发过去，老师看到后，均会以最快的速度给出："文章收到，看后交流"这样简短明了的回复。他看完后，也会及时给我反馈意见。曾师从来不否定学生的想法，而是鼓励我们去探索，他从无门户之见，支持我们去吸纳各种有益的观点，即便有些看法与他的有所不同，他也从不强求。这种开放、包容的学术态度也是最让我佩服的。平时在查阅各种材料的时候，他但凡看到与我们研究相关的资料，均会摘录下来，发给我们，看到些有趣的问题，还会主动跟我们一起讨论。每与曾师交流讨论，总能给我启发，且让我感受到了学术之乐趣。作为一位导师，他带给我们这种对于学术的虔诚精神是难能可贵的。无论是否要以学术为业，研究生求学中能遇到曾师这样的导师，实乃幸事！即便我博士毕业已两年了，这期间只要我在学术问题上有所不解，曾师依然会给予我最有力的指点。而今本书出版，借此机会，我要感谢老师多年来的教诲与指导，引领我迈进了农史研究的大门。

感谢中国科学院自然科学史研究所对我的培养与帮助。硕士毕业那年，一段插曲让我没有留在北师大继续读博士，而来到了中国科学院。在这之前，我从未想过会去到那里，来完成我的博士学位。从刚入学伊始的不适应，到最后爱上那里。四年的经历，让我对这个地方充满了感恩。感谢张柏春所长、袁萍书记，感谢罗桂环研究员、韩毅研究员，感谢纪巧老师、代丹老师、邓彦平大夫，感谢研究所的每一位老师与同学，请恕不能一一具名了。总之，人生当中，我在科学史所度过了四年，这四年意义非凡，这四年终生难忘。感谢那里的所有人、所有事，如今无论走到何处，从事何种职业，我都可以底气十足地说，我毕业于中国科学院自然科学史研究所。

感谢北京师范大学历史学院，感谢我的硕士导师王培华教授，蒙王老师不弃才让我有了在北师大求学的机会；求学期间，也受王老师指导与帮助，即便已从师大毕业，在我遇到困难的时候，王老师也是鼎力相助，万分感激。师大的历史学研究底蕴之深，水平之高，就无需我赘言了。我的史学基本功是在师大读硕士时，训练出来的。在师大读书的时候，我有幸受到了比较全面的史学训练，从文献到史学理论，均有涉及。我想这就是北师大深厚的历史学传统带给我们学生的福祉。感谢文献学教研室的汝企和教授、张升教授；感谢梅雪芹教授，感谢北师大历史学院的老师以及 2009 级硕士研究生班的同学们。

　　感谢西南大学文化与社会发展学院对我的培养。在那里，我度过了四年美好的本科时光，感谢王志章教授的鼓励，正是因为他的鼓励才让我有了继续完成研究生学业的勇气；感谢本科导师甘会斌博士，他身上的睿智与正义，让我看到了一个知识分子的风骨；感谢本科四年一直陪我们度过的两位老师：曾莉博士、郑美雁博士，和蔼可亲的她们给我们了太多的关爱与帮助。本科毕业已近十年，当年的风华正茂的青年，已步入中年了。虽然历经世事沧桑，而今再见，依旧亲切。感谢 2005 级劳动与社会保障专业的全体同学们。

　　感谢这么多年来结识的所有人，任何共同的经历都是一段难得的缘分。感谢师姐陈沐博士、同门杜新豪博士，感谢同学王雅克博士、付雷博士、刘超博士、陶蕊博士，感谢赖明东博士的关照与陪伴，感谢李昕升博士、吴昊博士、宋元明博士、方万鹏博士、耿金博士，其中几位虽未谋面，但我们的交流早让我视诸位为同道学友了。感谢师兄宋开金博士、师妹宋羽博士一直以来对我的关爱与照顾。感谢好友：陈军、曾达、马柏童、陈文龙、刘景迪、孙兆华、张志强、方华玲。感谢杨雪、张晓松、肖华、张伟等高中同学。感谢赵贞、唐燕、程显涛、虞涛、郑汉华、袁道祥、向贤杰等大学同学。

　　最后，我还要感谢我的初中班主任李国芳老师，正是因为她当年的培养与鼓励让我对读书产生了兴趣，增强了自信心。感谢我的祖父陈天兴老先生，一位勤劳的老农民，爷爷对读书的重视是我求学的动力之一。2018 年 8 月 8 日，爷爷已经永远离开了这个世界，我想他在天有灵定会得到告慰。感谢我的父亲陈顺平、母亲刘洪香。父母的勤劳与智慧，为我们兄妹提供了较好的学习条件，这才是我得以完成博士学业的根本保证。所以说，某种程度上，这本书是献给父母的，是对她们养育多年恩情的回报，即便她们看不懂，或许会有些许欣慰吧！

　　一篇后记，拉杂如此，但仍然未尽我要感谢的所有人，还请见谅。本书也非大作，如此多的感谢，恐有矫情之嫌，不过，也无所谓了。此情唯我心中自知。

陈桂权

2018 年 8 月 21 日，记于四川平武坝子家中